4~7세

아이 키울 때

부모가 반드시

알아야 할 것들

4~7세
아이 키울 때

다양성의 시대,
자아가 단단한 아이로
키우는 법

사토 리쓰코 지음 | 지소연 옮김

부모가 반드시
알아야 할 것들

RHK
알에이치코리아

최악의 엄마일지도 모른다고 고민했던 나날

과거에는 저도 육아로 고민하던 평범한 엄마였습니다. 어쩔 수 없는 사정으로 출산 후 바로 일을 해야 했기에 늘 아이를 제대로 돌보지 못한다는 죄책감을 안고 있었습니다.

지금은 많은 사람이 일하는 엄마에게 공감하고 제도적인 도움도 얻을 수 있지만, 제가 딸을 낳은 2002년 무렵에는 여전히 이런 목소리가 컸습니다.

"아이가 어릴 때는 엄마가 일하지 말고 옆에 딱 붙어서 키워야지. 엄마니까 당연한 일이야."

더욱이 사업을 하는 여성은 많지 않았습니다.

한번은 동갑내기 지인에게 이런 말을 들었습니다.

"이렇게 일만 하는 엄마 밑에서 자라다니 애가 너무 불쌍해. 나라면 옆에서 정성껏 돌봐줄 텐데."

마치 가슴을 칼로 찌른 듯이 깊은 상처를 받았습니다. 그리고 일을 중시하는 스스로를 탓하며 '나는 최악의 엄마일지도 몰라'라는 생각에 육아에 대한 자신감을 잃어버렸지요.

나를 육아의 늪에서 구해준 한 권의 책

그때 우연히 한 책을 만났습니다. 모로토미 요시히코 선생님의 《여자아이 키울 때 꼭 알아야 할 것들 女の子の育て方》이라는 책이었지요.

책 속에 적힌 글이 저의 마음을 뒤흔들었습니다.

육아는 사람들이 생각하는 것보다 훨씬 힘든 일이다. 매일 아이만 하루 종일 돌보면서 스트레스를 별로 받지 않는 사람은 거의 없을 것이다. 하고 싶은 일이나 취미를 억누르면서 의무감과 책임감으로 아이를 키우다 보면 거기서 비롯되는 불만은 반드시 아이에게 전해지기 마련이다.

무엇보다 중요한 것은 엄마 자신이 행복해야 한다는 점이다. 엄마가 일을 하느라 아이를 어린이집에 맡겨서 매일 네 시간밖

에 함께하지 못한다 해도 그 네 시간 동안 엄마 자신이 행복하
다면 그걸로 충분하다는 이야기다.

글을 읽었을 때 '아, 그래도 되는 거구나' 하고 마음이 놓
이면서 눈물이 멈추지 않았습니다. 일과 육아 때문에 한계에
다다랐던 제가 가장 듣고 싶었던 말이었으니까요.

그동안 일 때문에 딸아이와 함께 있는 시간이 적은 탓에
늘 죄책감을 느꼈는데, 이 말 덕분에 나 자신을 믿고 앞을 바
라볼 수 있게 되었습니다. '딸에 대한 애정은 누구에게도 지
지 않는다! 나는 행복해지기 위해 일을 하고 있다!'라는 생각
으로 말이지요.

그 후 저를 육아의 늪에서 구해준《여자아이 키울 때 꼭
알아야 할 것들》의 저자인 메이지대학 교수 모로토미 요시히
코 선생님의 심리학 워크숍에 여러 해 동안 참가하면서 많은
지식을 배웠습니다. 그리고 이제는 모로토미 선생님의 메이
지대학 수업에서 교단에 올라 강의를 하는 데까지 성장했습
니다.

사업 실패와 육아 고민에서 탄생한 이성 간 커뮤니케이션

여기서 제가 나고 자란 과정과 그간의 경험에 대해 잠시 이야기해보고자 합니다.

저는 1972년 미야기현 시오가마시塩竈市에서 태어나 지금까지 살고 있습니다. 동일본대지진의 재해 지역이기도 하지요. 20대 초반에 친구의 엄청나게 화려한 결혼식에 참석했다가 웨딩 산업을 처음 접하고, 가슴 깊이 감명을 받아 웨딩플래너가 되었습니다. 그리고 스물여섯이라는 나이로 실적 1위라는 놀라운 매출을 달성하고 제 능력에 자신감을 얻어, 서른에 남편과 함께 웨딩 사업을 시작했습니다.

하지만 결혼, 임신, 출산, 창업이 모두 겹친 데다 무모한 계획과 경영에 대한 경험 부족 때문에 크나큰 실패를 맛보았습니다. 결국 막대한 빚을 안게 되었고요. 당시 사장이었던 남편은 사업에 실패한 충격으로 우울증이 찾아와 일을 하지 못했고, 저는 태어난 지 얼마 안 된 아이를 돌보면서 여기저기 일을 찾아 전문학교의 웨딩 사업 강의나 이벤트 기획 등을 하면서 조금씩 수입을 얻었습니다.

이런 이유 때문에 갓난아이를 보살피기보다는 일에 더 몰두할 수밖에 없었지요.

이런 힘든 환경에서 벗어나고 싶다는 마음으로 뇌과학, 심리학, 생물학, 환경학, 가정학, 역사, 성공철학 등을 바탕으로 다양한 의사소통 방법을 배우고 전문성을 갖추어 '이성 간 커뮤니케이션'이라는 체계적인 교육 콘텐츠를 개발했습니다. 그리고 감사하게도 3만 명 넘는 분이 참여했습니다. 그분들의 좋은 평가 덕에 지금의 제가 있을 수 있었지요.

이성 간 커뮤니케이션으로 아이와 마음이 통하는 육아를

이 책은 이성 간 커뮤니케이션의 지식을 바탕으로 아이를 어떻게 키워야 하는지 이야기하는 책입니다.

'이성 간 커뮤니케이션'이라고 하면 아무래도 연애, 결혼, 부부 문제에 대한 해결책이라는 이미지가 쉽게 떠오릅니다. 실제로 웨딩 사업 경험을 기초로 시작한 셈이기도 하고요. 하지만 본질은 '남성과 여성의 특징을 잘 이해하고 활용해서 일상에서 일어나는 소통 문제를 극복하는 방법'이라 할 수 있습니다.

따라서 이성 간 커뮤니케이션은 육아에도 많은 도움이 됩니다. 실제로 지금 이성 간 커뮤니케이션 협회에서는 연애,

결혼, 부부 문제뿐 아니라 정신적 폭력, 매니지먼트, 여성 커리어 그리고 육아와 성소수자 문제 등까지 다양하게 다루고 있습니다. 이 책에서는 이러한 다양한 활동에서 얻은 생각을 바탕으로 인간의 특성과 남녀의 차이 그리고 성소수자에 이르는 폭넓은 지식을 육아에 적용해 알기 쉽게 설명합니다.

만약 당신이 어떻게 하면 아들을 현명하게 키울지, 어떻게 해야 딸을 씩씩하게 키울지, 또는 어떤 범주에도 속하지 않는 아이를 어떻게 해야 잘 키울지 고민하고 있다면 이것이 바로 당신을 위한 책입니다.

이 책을 읽고 꼭 실천해 보시기를 바랍니다. 반드시 큰 도움이 될 테니까요.

사토 리쓰코

아이를 키우는 데 있어 무엇보다 중요한 원칙은 엄마 자신이 행복해야 한다는 점입니다. 부모가 행복한 가정에서는 아이 또한 자신이 행복해도 된다는 당연한 사실을 몸소 배웁니다.

반대로 부모가 행복하지 않으면 아이가 스스로 행복해지는 것을 죄라고 생각하게 됩니다. 자기 혼자만 치사하게 구렁에서 빠져나가는 기분이 들기 때문이지요.

만약 부모가 '엄마 아빠는 네가 걱정돼서 불안해 죽겠어'라는 얼굴을 하고 있으면 어떨까요? 아이는 자신이 잘못된 행동을 하면 사람들의 관심을 얻을 수 있다고 생각하게 됩니다.

사토 리쓰코 씨는 부모로서 이처럼 가장 중요한 원칙들을 잘 알고 있는 사람입니다. '부모 스스로가 인생을 즐겁게 사는 것이 곧 최고의 육아로 이어진다.' 이 중요한 메시지가 이 책의 곳곳에 새겨져 있습니다.

모로토미 요시히코

메이지대학 교수, 교육 상담 전문가, 교육학 박사

차
례

PART 1 어떻게 해야
아이를 잘 키우는 걸까?

PART 2 남자아이와 여자아이는
무엇이 다를까?

PART
3

남자아이 키울 때
알아야 할 것들

PART
4

여자아이 키울 때

알아야 할 것들

PART
5

다양성의 시대,
부모가 알아야 할 것들

어떻게 해야

아이를 잘 키우는 걸까?

육아 상식은
왜 계속 달라질까?

PART 1
01

육아 상식은 백팔십도 달라졌다

육아 상식은 시대에 따라 변화합니다.

이를테면 1970년대 베이비붐 세대는 아이를 자주 안아주면 버릇이 든다는 이유로 영유아를 되도록 안지 않으려고 했습니다. 하지만 지금은 부모와의 애착 형성을 위해 스킨십이 필요하므로 아이를 많이 안아줄수록 좋다고 생각합니다.

또 다른 예로, 분유 소비량은 1970년대에 정점을 찍었습니다. 당시에는 분유가 영양이 풍부하고 산모의 체형을 유지하는 데 많은 도움이 된다고 여겼지요. 그런데 지금은 어떨까

PART 1 | 어떻게 해야 아이를 잘 키우는 걸까?

19

요? 아이에게 가능한 한 모유를 먹여 키우자며 모유 수유를 장려합니다.

또한 베이비붐 세대의 육아법에는 아이를 엄하게 가르쳐야 한다는 원칙이 있었습니다. 그래서 저와 같은 세대의 사람들은 하나같이 입을 모아 이렇게 말합니다.

"부모님에게 칭찬을 받아본 적이 없어요."

하지만 지금은 아이를 듬뿍 칭찬하며 키우는 육아법이 주류가 되었고, 그만큼 아이를 엄하게 꾸짖고 칭찬을 아끼는 부모는 뚜렷이 줄어들었습니다.

육아에 절대적인 정답은 없다

그렇다면 이런 질문은 어떨까요? 아이는 혼자 재워야 할까요, 부모와 같이 자야 할까요? 학원은 보내는 편이 좋을까요? 이런 문제들은 할머니, 할아버지 세대와 지금 아이를 키우는 세대의 가치관이 너무나 달라 대체 어느 쪽이 정답인지 알 수 없게 되었습니다.

매달 새로운 육아서와 교육서가 쏟아져 나오는 것이 그

증거이지요. 실제로 각기 다른 책을 읽을 때마다 '이 방법이 맞다, 저 방법이 맞다' 하니 피로를 느끼는 부모도 많습니다.

육아와 교육에는 아주 다양한 사고방식이 존재합니다. 다시 말해 절대적인 정답은 없는 셈이지요. 결국 어떤 방식으로 아이를 키울지는 가족이 스스로 결정해야 합니다.

지금 내가 고른 육아 방식이 어떠한 결과를 가져올지는 20년 후 아이가 성인이 되었을 때 비로소 알 수 있습니다. 그러니 '20년 후 우리 아이는 어떤 어른이 될까?'라는 생각을 기준으로 아이를 어떻게 키울지 선택하는 것도 좋은 방법일지도 모릅니다.

내가 부모님께 바랐던 육아 방식

어릴 적 부모님은 여러분을 어떻게 가르치셨나요? 내가 부모님의 교육 방식에 어떤 생각을 가지고 있느냐 또한 육아의 좋은 힌트가 됩니다. '이런 부분은 좋았지만, 이런 부분은 좀 아쉬웠지' 하고 좋았던 점과 나빴던 점을 각각 분석해볼 수 있습니다.

저 또한 베이비붐 세대 부모님의 손에 자라면서 느꼈던 점들이 다양하게 떠오릅니다. 부모님은 교육열이 높아 이것저것 가르쳐주려 했고 갖고 싶은 물건도 곧잘 사주셨어요. 반면 칭찬에 다소 인색하고 때로는 체벌을 하고 옆집 친구와 저를 비교하기도 했지요. 이런 점들은 아쉬웠습니다.

실제로 부모님께 바랐던 육아 방식이 제가 딸을 키우는 기준이 되었는지도 모릅니다. 잔뜩 칭찬해주기, 절대 때리지 않기, 부모의 가치관을 강요하지 않기, 다른 아이와 비교하지 않기. 이러한 육아 방침은 저 자신이 부모님께 바랐던 점에서 비롯된 셈입니다.

육아도 사회 변화와 관계가 있다

앞서 이야기했듯이 베이비붐 세대 부모는 아이를 자꾸 안으면 버릇이 든다며 아이가 사랑스러워도 안아주지 않고 꾹 참았습니다. 하지만 지금은 반대로 많이 안아줄수록 좋다는 목소리가 커졌습니다. 아이를 자주 안다가 건초염에 걸릴 정도로 말이지요.

이런 요즘 육아법을 보고 조부모 세대는 '나는 안아주고 싶어도 애써 참았건만 대체 뭘 위해 참은 건가' 하고 한탄하기도 합니다. 이렇게 예전에는 옳다고 생각했던 방법이 지금은 거꾸로 잘못된 방법이 되는 경우가 너무 많습니다.

육아의 상식이 달라지는 이유는 의학이나 심리학 같은 분야에서 새로운 연구가 이루어지기 때문이라는 측면도 있습니다. 하지만 가장 큰 원인은 무엇보다 사회의 가치관이 변화한 데 있습니다.

할머니, 할아버지 세대가 살아온 시대와 우리가 살아온 시대는 사회의 가치관이 다릅니다. 어르신 세대의 말과 행동을 보고 '그건 옛날이야기지'라고 생각한 적 있지 않나요? 아이를 키우는 일도 그러한 사회 변화와 무관하지 않다는 이야기입니다. 그렇다면 앞으로 다가올 새로운 사회에 걸맞은 육아란 과연 어떤 모습일까요? 우리 아이들은 이제 어떤 가치관을 지닌 사회에서 살아가게 될까요?

여자아이는 이래야 하고, 남자아이는 저래야 한다?

PART 1
02

알게 모르게 정해진 '남자다움'과 '여자다움'

만약 여자아이 이름이 '철수'라면 어떨까요? 남자아이 이름이 '영희'라면 이상할까요? 남자아이가 핑크색 책가방을 메고 여자아이가 파란색 책가방을 메면 어색할까요?

세상에는 남자와 여자는 당연히 어떠해야 한다는 고정관념이 있습니다. 그래서 거기서 벗어나면 '이상한 것' 또는 '비정상적인 것'이라는 꼬리표가 붙기도 하지요. 이렇게 알게 모르게 사회가 정해놓은 남녀의 특성을 '젠더gender'라고 말합니다.

24

남자와 여자는 물론 생물학적으로 차이가 있습니다. 어떤 차이가 있는지는 뒤에서 자세히 다루겠습니다. 하지만 '남자아이는 파란색 책가방, 여자아이는 핑크색 책가방' 같은 구분은 생물학적으로도 아무런 의미가 없지요. 이처럼 사회적, 문화적으로 만들어진 성이 바로 젠더입니다.

남녀의 차이가 존재하지 않는 사회가 온다

한번 곰곰이 생각해볼까요?

초등학생 남자아이가 핑크색 책가방을 메도 다른 사람에게는 어떤 피해도 주지 않습니다.

남자아이가 치마를 입어도, 화장을 해도, 인형을 좋아해도 실제로는 아무 문제도 되지 않습니다. 아이의 개성이니 그저 존중해주면 어떨까요?

젠더가 평등해지면 여성과 남성의 차이는 점점 흐려집니다. 이것이 '젠더리스genderless'라는 사고방식입니다. 앞으로 사회에서는 젠더리스라는 감각이 당연한 상식이 될지도 모릅니다.

실제로 육아하는 남자가 늘어나고 육아휴직을 하는 남자들이 많아지면서 임신과 출산 이외의 과정에서 엄마와 아빠의 역할 차이가 조금씩 좁혀지고 있지요.

집안일도 마찬가지입니다. 예전에는 여자가 집에서 요리를 하는 것이 당연하다고 여겨졌지만, 지금은 요리를 잘하는 남자가 많아졌지요. 아예 남편이 식사 준비를 담당하는 경우도 늘고 있습니다.

성별보다 개성을 존중하자

젠더가 흐려지면서 사람들의 개성과 다양성은 전보다 눈에 띄게 명확해졌습니다. 직장인은 남녀평등이라는 이유로 남자, 여자 모두 바지 정장만 입고 다니지는 않지요. 바지를 입은 사람도 치마를 입은 사람도, 정장을 갖춰 입은 사람도 캐주얼한 옷을 걸친 사람도, 모두 자신이 입고 싶은 옷을 고릅니다.

지금은 중학교, 고등학교 교복도 학생이 바지를 원하느냐 치마를 원하느냐에 따라 선택할 수 있습니다. 성 정체성 gender identity에 상관없이 운동을 좋아하는 활발한 여학생이 바지를 입거나, 패션에 관심이 많은 남학생이 멋을 위해 치마를 입는 시대가 찾아왔다는 이야기입니다.

'젠더리스 남성', '젠더리스 여성'이라는 말

경계가 점점 사라지는 패션

젠더리스란 남자다움 또는 여자다움이라는 가치관을 뛰어넘는 사고방식을 말합니다. 그런 면에서 '젠더 표현gender expression'은 젠더리스의 중요한 키워드이기도 하지요.

젠더리스는 특히 패션 분야에서 큰 관심을 얻고 있습니다. 최근 몇 년간 전 세계의 모델과 배우 등이 남녀의 경계가 없는 패션을 선보였고, 젊은 세대에게도 많은 영향을 주었습니다. 그리고 이러한 패션의 흐름을 배경으로 '젠더리스 남성', '젠더리스 여성'이라는 말이 탄생했습니다.

내가 좋아하는 옷을 입는다는 것

젠더리스 패션의 특징은 남녀 어느 한쪽이 아닌 '중성적인 패션'이라는 점입니다. 멋진 여자가 되고 싶어서 혹은 멋진 남자가 되고 싶어서가 아니라, 성별에 상관없이 '좋아하는 패션 아이템을 마음에 드는 방식으로 입는 것'이 젠더리스 패션입니다.

남자가 프릴 달린 셔츠나 화려한 꽃무늬 바지를 입고, 여자가 심플한 오버사이즈 셔츠나 정장을 입고 투박한 운동화를 신는 식이지요. 이런 자유로운 조합은 패션 업계에서도 주목을 받아 많은 브랜드에 영향을 주고 있습니다.

남자도 여자도 아닌 듯한 머리 스타일도 젠더리스의 다른 특징 중 하나라고 말합니다. '남자 같은 머리'나 '여자 같은 머리'에 구애받지 않고 남자가 머리를 눈과 귀까지 길게 내려오도록 기르거나, 여자가 머리카락을 짧게 잘라 중성적인 느낌을 내는 것이지요.

젠더리스 남성은 화장도 합니다. 여성이 되고 싶어서가 아니라 어디까지나 젠더리스 패션의 일부로서 말이지요.

여성 또한 너무 짙지도 옅지도 않게, 자신이 원하는 스타

일로 개성 있는 화장을 하는 사람이 많아졌습니다.

10대는 이미 남녀의 경계선이 모호해졌다

특히 Z세대라 불리는 10대 아이들은 남녀의 경계가 점차 희미해져서 '나는 남자', '나는 여자'라는 고정된 감각에서 자유로운 모습을 보여줍니다. 남자든 여자든 성별에 상관없이 자기가 좋아하는 패션을 즐기는 모습은 무척 자유롭고 편안해 보이지요.

시간이 흐름에 따라 남자다움과 여자다움이 점차 흐려지면서 '나다움'을 자유롭게 표현할 수 있는 시대가 찾아왔습니다.

남자다움과 여자다움은 필요 없을까?

PART 1
04

아직은 성별의 차이가 필요한 현대사회

지금까지 젠더리스에 점차 가까워지고 있는 사회의 모습을 들여다보았습니다. 하지만 현대사회에는 남녀가 뚜렷이 구분되어야 성립되는 부분이 여전히 많습니다. 집안일, 육아, 바깥일 혹은 수렵, 채집 등과 같은 분업의 첫 번째 단계는 성별에 따른 역할 분담이지요.

성별은 가장 알기 쉽고 단순하게 인간을 분류할 수 있는 편리한 기준입니다. 아버지, 어머니, 이모, 삼촌같이 가족을 이르는 명칭도 성별에 따라 정해지지요. 자녀도 큰아들, 작은

PART 1 | 어떻게 해야 아이를 잘 키우는 걸까?

아들, 큰딸, 작은딸 등으로 분류합니다.

일상생활에서도 성별은 큰 부분을 차지합니다. 예를 들어 회사에서는 내 옆자리에 앉는 사람이 동성이냐 이성이냐에 따라 상대를 대하는 방식도 조금 달라지지요. 그렇게 적절한 거리를 유지하면 문제가 되지 않습니다.

이렇게 상황을 파악하고 행동하기 위해서 때로는 누가 남성이고 누가 여성인지 성별을 확실하게 알 필요가 있습니다. 하지만 실제로 '저 사람은 남자인가? 여자인가?' 고민하는 경우는 거의 없습니다. 앞서 걷는 사람, 옆에 앉은 사람의 성별은 대부분 한눈에 알 만큼 뚜렷하니까요. 무엇보다 번식하고 자손을 기르기 위해 배우자를 찾을 때, 남성인지 여성인지 알수 없다면 접근하기가 어렵겠지요. 젠더리스가 지나치게 심화되면 그런 문제가 발생할지도 모릅니다.

사귀는 사이에서는 서로에게 더 이상 매력을 느끼지 않게 되었을 때 연애 감정을 잃어버리기도 합니다. 자신이 남성이라는 사실을, 여성이라는 사실을 너무 표현하지 않다 보면 성적 매력을 느끼기 어려워지지요.

요즘 고등학생은 어떻게 생각할까?

2003년 일본청소년연구소를 비롯한 여러 기관이 한국, 미국, 중국, 일본의 고등학생을 대상으로 '고등학생의 생활과 의식에 관한 조사'를 진행했습니다. 다음은 그 조사에서 '매우 그렇다'나 '그렇다'라고 답한 비율입니다.

| 여자는 여자다워야 한다

나라	남자	여자
한국	61.3%	32.3%
일본	38.9%	22.5%
미국	61.0%	55.5%
중국	75.9%	68.0%

| 남자는 남자다워야 한다

나라	남자	여자
한국	67.4%	40.9%
일본	49.2%	40.4%

미국	65.1%	62.4%
중국	83.0%	79.7%

의외로 일본은 남녀 모두 남자는 남자다워야 하고 여자는 여자다워야 한다는 의식이 가장 낮았습니다. 반면 중국은 눈에 띄게 높고 미국도 예상보다 높았습니다. 여자다움에 대해서는 일본과 한국 여성이 부정적인 모습을 보였고, 미국 여성은 비교적 긍정적이었습니다. 남자다움에 대해서는 중국 남성이 특히 높은 결과를 보였고요.

그렇다면 학생들은 과연 무엇을 '여자다움' 또는 '남자다움'이라고 생각했을까요? 다음은 앞서 소개한 조사에 대한 응답에서 '남자답다'라고 답한 비율이 '여자답다'라고 답한 비율보다 배 이상 높았던 항목입니다.

❘ 남자답다고 생각하는 것

남자	건강한, 열정적인, 유머러스한, 불량한, 책임감이 강한, 믿음직한, 적극적인, 리더십 있는, 난폭한
여자	다정한, 열정적인, 유머러스한, 믿음직한, 리더십 있는, 불량한, 난폭한

반대로 '여자답다'라고 답한 비율이 '남자답다'라고 답한 비율보다 배 이상 높은 항목은 다음과 같았습니다.

| 여자답다고 생각하는 것

남자	다정한, 귀여운, 제멋대로인, 수다스러운, 얌전한
여자	다정한, 짓궂은, 귀여운, 명랑한, 변덕스러운, 제멋대로인, 수다스러운, 얌전한

조사 결과를 보면 각자가 생각하는 '남자다움'과 '여자다움'이 크게 다르지 않음을 알 수 있습니다. 어느 나라 학생이든 세상이 '젠더리스 사회'를 외치는 만큼 남자다움이나 여자다움을 싫어하지는 않는 듯합니다.

PART 1

05

그래서 결국 육아에서
중요한 건 뭘까?

아이의 '나다움'을 소중히 여기자

인간의 유전자는 5만 년 전과 크게 달라지지 않았지만, 인류는 그동안 커다란 진화를 이루었습니다. 인류가 진화한 이유 중 하나는 인간이 다른 종에 비해 매우 긴 어린 시절을 보낸다는 데 있지요. 어린 시절 학습을 통해 다양한 능력을 익히는 과정이 다양성으로 이어지고, 그것이 결국 아이 한 명한 명의 개성이 되어 진화를 꽃피운 셈입니다.

그렇다면 '남자답게', '여자답게' 또는 '젠더리스'라는 틀에 갇혀 일희일비할 필요는 없지 않을까요? 아이를 정해진 틀에 맞추기보다 아이가 마음 놓고 개성을 충분히 발휘할 수 있는 환경을 만들어주는 것이 부모의 역할이니까요.

아이의 인생은 아이의 것

아이는 부모가 생각하는 대로 자라지 않습니다. 아이는 부모와는 다른 인간이며 인격이 있는 존재이니까요. 아이에게는 아이 나름의 취향이 있고 생각이 있고 목표가 있습니다.

저도 벌써 19년간 딸아이를 키웠지만 유치원에 다닐 때부터 이미 아이는 제 마음과 달랐습니다. 저는 딸에게 노란색이 잘 어울린다고 생각해서 노란 옷을 입히고 싶었지만, 아이는 하늘색이 예쁘다면서 머리부터 발끝까지 하늘색으로 통일하고 행복하게 웃었지요. 딸에게는 자기가 좋아하는 색이 있고 좋아하는 음식이 있으며, 부모의 마음과는 상관없이 하고 싶은 일과 목표가 있다는 사실을 깊이 깨달았습니다.

특히 아이가 어릴 때 부모는 자식이 자신의 것이라고 착각하기 쉽습니다. 혹시 자신이 이루지 못한 일이나 하고 싶었던 일을 아이에게 강요하며 자신의 색으로 물들이려 하고 있지는 않았나요? 한번 생각해봅시다. 이런 잘못된 생각이 깊어지면 정신적 폭력이나 학대로 이어질 수 있으니 한 번쯤 되돌아보는 것이 좋습니다.

무럭무럭 자라는 식물처럼

아이는 종종 식물에 비유되곤 합니다. 프랑스의 교육 사상가 장 자크 루소 Jean Jacques Rousseau 는 이렇게 말했습니다.

"물을 주지 않거나 물을 너무 많이 주면 식물은 시들어버린다. 아이는 이미 훌륭한 존재로 태어나므로 교육하지 않거나 지나치게 교육하면 아이의 성장을 방해한다."

아이들은 각자의 개성이 있고 모두 다른 '나다움'을 가지고 있습니다. 그렇다면 식물이 무럭무럭 자라나듯이 아이 또한 자유롭게 쑥쑥 자라게 해주면 어떨까요? 틀림없이 생각지도 못한 놀라운 성장을 보여줄 겁니다.

아이를 키울 때 반드시 알아야 할 육아의 세 가지 단계

아이의 성장에 따라 올바른 육아 방법도 달라진다

이번에는 아이를 키울 때 반드시 알아두어야 할 사실을 살펴보고자 합니다. 바로 '육아의 세 가지 단계'입니다. 육아는 아이의 성장에 따라 크게 세 가지 단계로 나뉩니다.

① 영유아기(1~7세, 탄생~어린이집 및 유치원) – 애정기

영유아기는 육아의 세 가지 단계에서 '애정기'에 해당합니다. 이 단계에서는 기본적으로 아이를 인정하고 격려해주는 것이 가장 중요합니다. 생명과 직결되는 부분이 아니라면 아이를 혼낼 필요가 없는 시기이지요.

이 시기에 부모가 준 애정은 남자아이에게 '만약 실패하더라도 내게는 내 편이 있다', '나는 열심히 하면 뭐든 할 수 있다'라는 자존감을 키워줍니다. 여자아이에게는 '나는 사랑 받는 사람이다', '나는 둘도 없는 소중한 존재다'라는 자존감을 심어줍니다. 따라서 애정기에는 아이와 스킨십을 많이 할수록 좋습니다. 조금 과하다 싶을 정도로 아이에게 애정을 아낌없이 쏟아주세요.

② 아동기(8~13세, 초등학생) – 훈육기

아동기는 육아 단계에서 '훈육기'에 해당합니다. 아이가 가족의 품을 벗어나 초등학교라는 작은 사회에서 더 많은 시간을 보내게 되는 시기이므로, 새로운 생활에 필요한 기본적인 규칙과 습관을 익힐 수 있도록 가르치는 것이 부모의 중요한 역할입니다.

또한 훈육기는 2차 성징이 조금씩 다가오며 남성과 여성의 생물학적 차이가 점차 드러나는 시기이기도 합니다. 그러므로 성별에 따라 아이를 대하는 적절한 방식을 알아두면 엄마와 아빠 모두 불필요한 스트레스를 줄일 수 있지요.

➌ 사춘기(14~19세, 중학생~고등학생) – 관망기

많은 부모를 고민에 빠뜨리는 사춘기는 육아 단계에서는 '관망기'에 해당합니다. 아이가 자아정체성을 확립하고 부모의 그늘에서 벗어나 독립된 어른으로 성장해가는 시기이기 때문에 부모는 곁에서 지켜보며 지나치게 간섭하지 않고 살며시 도움의 손길을 내밀어야 합니다. 아이와의 적당한 거리감을 찾아야 하지요. 아이가 '부모 그늘에서 벗어나는 시기'는 다시 말해 부모가 '아이에게서 벗어나는 시기'이기도 합니다. 마치 부모를 졸업한다는 말처럼 아이가 품에서 떠난 이후의 삶을 새롭게 그려나갈 필요가 있습니다.

하지만 그보다 먼저 마음에 새겨둘 이야기가 있습니다. 어느 단계든 부모는 아이가 잘 자랄 수 있도록 돕는 지원자에 불과하며, 결코 아이 인생의 주도권을 쥐지 않는다는 사실이지요. 아이가 하고 싶어 하는 일, 도전하고자 하는 일을 각 시기에 맞는 방식으로 돕고 든든하게 지켜보는 것만으로도 충분합니다.

남자아이와 여자아이는

무엇이 다를까?

PART 2
01

남자와 여자가
존재하는 이유

<u>육아를 할 때 남녀의 생물학적 차이를 아는 것도 중요하다</u>

앞서 젠더리스라는 주제를 이야기했지만, 인간에게는 생물학적으로 '남성'과 '여성'이라는 성별이 존재하는 것 또한 사실입니다. 그리고 성별에 따라 많은 것이 달라지지요.

이러한 남성과 여성의 차이를 파악하면 좋은 관계를 좀 더 쉽게 쌓을 수 있다는 것이 제가 고안한 '이성 간 커뮤니케이션'의 취지입니다. 물론 아이를 키우는 데도 도움이 되는 사고방식이고요. 그래서 이 책에서는 그중 중요한 핵심을 고르고 골라 소개하려 합니다.

PART 2 | 남자아이와 여자아이는 무엇이 다를까?

성별이 있는 이유

생물에게는 어째서 암컷과 수컷 같은 성이 있을까요? 인간뿐 아니라 여러 동물에게도 성별이 있습니다. 식물도 암술과 수술이 있고요. 생물에게 성이 있는 이유는 암컷과 수컷이 유전자를 교환함으로써 풍부한 다양성을 지닌 자손을 낳을 수 있기 때문입니다. 다시 말해 엄마나 아빠보다 양쪽의 유전자를 물려받은 자식의 유전자가 더 우수하다는 말이지요. 어쩌면 우리 아이가 아빠나 엄마보다 뛰어나고 더 대견하게 느껴지는 것은 결코 부모의 눈으로 보았기 때문만은 아닐지도 모릅니다.

남자의 몸집이 더 큰 것은 자연의 섭리

고등동물은 자연에서 살아남기 위해 암컷과 수컷의 분화가 심화되어 왔습니다. 인간으로 보자면 여성이 아이를 낳고 남자가 수렵을 하는 역할을 나누어 맡은 것이지요. 이런 역할이 특수화되면서 여자와 남자는 체격이 서로 달라졌습니다.

예컨대 수컷 사자들은 서로 격렬하게 싸워서 이긴 쪽이 많은 암컷을 거느리고 하렘을 형성합니다. 수컷들의 싸움에서는 확실히 몸집이 큰 쪽이 훨씬 유리하겠지요. 그리고 승리한 수컷만이 자손을 남길 수 있기 때문에 그 유전자를 받는 자손은 자연히 덩치가 큰 유전자를 물려받습니다. 이렇게 수컷과 암컷의 몸집이 점차 달라지기 시작한 겁니다.

성 역할은 번식을 위해 만들어졌다?

이번에는 번식이라는 면에 초점을 맞춰봅시다. 여성은 자손을 남기려면 임신, 출산, 육아에 엄청난 에너지가 필요합니다. 반면 남성이 번식에 필요한 에너지는 여성에 비하면 훨씬 적지요. 그래서 남성은 남은 에너지로 여성이 마음 놓고 임신, 출산, 육아에 전념하도록 돕는 역할을 맡았다는 것이 일반적인 생각입니다.

남성이 외부의 적과 싸우고 식량을 구해 여성이 안전하게 자손을 남길 수 있도록 지원했다면, 여성은 자손을 남기기 위해 많은 힘이 필요한 작업을 남성에게 맡기고 아이가 성장할 수 있는 환경을 만들어왔습니다.

모든 개성은 생물의 진화가 창조한 위대한 존재

남성과 여성이라는 존재는 생물의 진화가 낳은 획기적인 발명이자 다양성 있는 자손을 남기기 위한 뛰어난 기능입니다. 우리는 이렇게 많은 노력과 힘을 들여 생명을 이어가고 있는 셈이지요. 이런 장엄한 생명의 흐름을 들여다보면 아이를 세상의 틀에 맞추거나 학교 성적으로 비교하기는 아깝다는 생각이 들지 않으시나요?

이 세상에는 남자라는 개성이나 여자라는 개성, 어떤 범주에도 들어맞지 않는 개성 외에도 다양한 개개인의 특성이 있습니다. 모든 개성은 사람이라는 생물의 진화가 탄생시킨 다양성이니 그 자체로도 충분히 귀중한 존재가 아닐까요?

PART 2

02

남자아이와 여자아이는
뇌도 다를까?

인간은 모두 다른 것이 기본이지만

인간은 당연히 한 사람 한 사람 모두 다른 존재입니다. 남
자라고 해서 모두 똑같이 행동하지는 않으며, 여자라고 해서
하나같이 같은 생각을 하지는 않지요. 실제로 많은 전문가가
성별에 따른 뇌 기능의 차이를 연구하고 있지만, 어떤 연구에
서도 단순히 통계적인 비교로 남자의 뇌는 이렇고 여자의 뇌
는 이렇다고 일반화할 수는 없다고 말합니다.

뇌는 환경이나 교육과 같은 다양한 요인의 영향을 받아
변화하므로 개인차가 그만큼 커지니까요. 그렇기 때문에

PART 2 | 남자아이와 여자아이는 무엇이 다를까?

단순히 남녀의 차이만으로는 설명하지 못하는 부분이 많습니다.

하지만 다른 점은 분명히 있다

남성과 여성을 깊이 들여다보고 이성 간 커뮤니케이션 방식을 고안한 연구자의 입장에서 저는 조금 다른 결론에 다다랐습니다. 남녀의 근육량과 피하지방량이 다르듯이 남성과 여성의 뇌에도 '차이'가 있다는 겁니다. 남녀는 과연 무엇이 다를까요? 생각해보면 겉모습 이외에도 일상생활에서 드러나는 사고방식, 행동, 말 등이 다르다는 사실을 알 수 있습니다.

예컨대 신경전달물질 중 하나인 세로토닌은 신경을 안정시키는 역할을 한다고 알려져 있는데, 세로토닌을 합성하는 능력은 남녀가 서로 다릅니다. 남성의 세로토닌 합성 능력이 여성보다 1.5배 높다는 데이터가 있지요.

세로토닌이 적으면 불안을 느끼기 쉬워지며, 이런 경향은 여성에게서 더 많이 나타납니다. 실제로 남성보다 여성이 잔

걱정이 많고 안정을 추구하는 경향이 강하다고 느끼는 사람이 많을 겁니다.

삶의 방식이 다양해진 지금, 남녀의 차이는 낡은 가치관일까?

남녀의 뇌는 '생존'과 '번식'이라는 두 가지 목적을 가지고 남자는 수렵, 여자는 채집으로 역할을 나누어 수백 년간 진화를 거듭해왔습니다. 하지만 정보혁명과 함께 엄청난 속도로 변화한 현대사회에서는 일이나 생활에서 남녀의 차이가 대부분 사라지고 있습니다. 삶의 방식과 존재 의미가 다양해지면서 남녀의 차이보다 개인의 차이가 더 명확해졌지요. 그래서 '남녀의 뇌가 다르다는 생각은 너무 낡은 가치관 아닌가?'라는 생각이 들지도 모릅니다.

그런데 이런 연구 결과가 있습니다.

미국항공우주국NASA 연구소에서 달 표면 탐색 도중 돌발 상황이 발생하는 시뮬레이션을 실시했습니다. 실험에서 팀원이 모두 남성인 팀은 경쟁심이 높아 탐색 능력이 좋았지만, 인명 구조에는 충분히 대처하지 못했습니다. 반면 여성으로만 이루어진 팀은 서로를 지나치게 배려하느라 탐색이 원활하게 이루어지지 않았고요.

시뮬레이션에서 가장 효율적으로 달 표면을 탐색하고 인명 구조에도 대처한 팀은 남녀가 모두 있는 팀이었습니다. 남녀가 함께함으로써 남성과 여성이 각각 더 뛰어난 힘을 발휘하는 탐색과 안전이라는 분야에서 모두 성과를 얻을 수 있었던 것이지요.

성별을 고려하지 않는 육아는
연령을 고려하지 않는 육아와 같다

진정한 남녀평등이란 남성과 여성이 서로의 차이점과 각자가 잘하는 일, 못하는 일을 인정하고 존중하는 것이 아닐까요? 남녀의 간극이 점점 사라지는 현대사회에서도 남녀의 차이를 이해하고 힘을 합치면 직장과 가정에서 최고의 팀을 만들 수 있습니다. 물론 아이를 키울 때도 성별은 큰 의미가 있습니다.

아이의 성장에는 크게 두 가지 원리가 있습니다. 바로 '연령'과 '성별'입니다. 앞서 육아에는 나이에 따라 세 가지 단계가 있다고 이야기했는데요. 아이의 발달이라는 과정에서 성별이 어떤 의미를 갖는지 모른 채 아이를 키우는 것은 아이의 나이를 모른 채 육아하는 것만큼 어려운 일이 아닐까요? 그렇기 때문에 부모로서 남성과 여성의 차이를 확실히 알아두어야 합니다.

남성호르몬이 아이의
성장에 미치는 영향

PART 2
03

아들은 남성호르몬이 있기에 태어난다

남성호르몬에는 테스토스테론, 안드로스테네디온, 디하이
드로에피안드로스테론DHEA이 있으며 통틀어 안드로겐이라
고 부릅니다. 이 중에서도 가장 많이 분비되는 남성호르몬은
테스토스테론입니다. 테스토스테론은 아기가 엄마의 배 속
에 있을 때 가장 처음 분비됩니다.

태아의 신체는 처음에 성별의 구별이 없는 상태이지만 어
느 성으로든 분화할 수 있는 능력을 가지고 있습니다. 그리고
그중 성별과 깊은 관련이 있는 성염색체 XY를 가진 태아는

4~7세 남자아이 우리 파트 뭐 좋은 할 것을

8주 무렵이 되면 Y염색체에 있는 SRY유전자(성 결정 유전자)의 작용으로 정소精巢가 만들어집니다. 여기에서 테스토스테론이 분비되면서(안드로겐 샤워) 점차 남성의 몸을 갖추게 되지요. 이때 호르몬이 많이 분비될수록 테스토스테론 레벨이 높다고 말합니다.

사춘기의 성적 발달도 남성호르몬의 영향

남성호르몬은 남자아이가 태어나 자라는 과정에서도 많은 역할을 합니다. 남자아이는 만 2~3세 때 테스토스테론 분비량이 가파르게 늘어나고, 나아가 사춘기가 되면 남성호르몬 분비가 최고조에 이릅니다. 그 결과 정소가 발달하고 성적인 충동이 일어나며, 수염과 체모가 짙어지고 근육이 많은 단단한 체격으로 성장하지요.

사춘기란 생식 능력이 완성되고 성인의 성적 특징이 나타나는 단계를 말합니다. 남자아이는 보통 11~15세 무렵에 사춘기가 찾아오지만 17세까지 이어지기도 합니다.

남성호르몬은 도전 정신과 경쟁심을 불러일으킨다

남성호르몬이 영향을 미치는 것은 몸뿐만이 아닙니다. 테스토스테론은 도전 정신이나 경쟁심과 같은 행동의 원동력이 되기도 합니다. 테스토스테론 수치가 높은 사람은 모험심이 강하고 판단력이 뛰어나며 공정성을 중시하고 동료를 중요하게 생각한다고 말하지요. 마치 모험 영화에 나올 법한 영웅의 모습 같지 않은가요?

실제로 기업을 이끄는 경영자나 정치가는 테스토스테론 수치가 높다는 조사 결과도 있습니다.

남자아이에게도 여성호르몬이 중요하다

인간은 두 가지 성호르몬을 모두 가지고 있으며 여성호르몬은 남성의 신체에서도 중요한 역할을 합니다. 이를테면 사춘기에 키가 크는 것은 여성호르몬이 성장호르몬의 분비를 증가시키기 때문이지요. 사춘기가 지나면 키가 더 이상 자라지 않고 뼈가 굵고 튼튼해지는데, 이렇게 뼈의 성장을 멈추고 단단하게 만드는 데도 여성호르몬이 작용합니다.

남자는 시간이 지나 50세가 넘어가면 남성호르몬 분비가 줄고 여성호르몬의 비율이 늘어납니다. 남자가 나이를 먹으면 모난 구석이 없어지고 성격이 둥글어진다든지, 아내의 입김이 세져서 부부 관계의 주도권을 빼앗긴다는 이야기에는 이런 의학적 배경이 있는 셈이지요.

여성호르몬이 아이의
성장에 미치는 영향

여성호르몬은 임신에 큰 역할을 한다

여성호르몬에는 난포호르몬이라 불리는 에스트로겐과 황체호르몬인 프로게스테론이 있습니다. 이 두 가지 성호르몬은 여성의 난소에서 저절로 나오는 것이 아니라 뇌의 명령에 따라 분비됩니다.

난포호르몬(에스트로겐)은 난소에 있는 난포가 발달하면서 분비되는 호르몬으로, 자궁내막을 증식시켜 비대해지게 합니다. 또한 가늘고 굴곡 있는 몸을 만들고 피부의 수분과 탄력을 유지해주며, 뼈에 칼슘을 축적하거나 동맥경화를 막는 효과도 있고요.

황체호르몬(프로게스테론)은 난소에서 배란이 일어난 후 변화한 황체에서 분비되는 호르몬입니다. 자궁내막을 부드럽게 해서 수정란이 착상하기 쉽게 만들어주지요. 그 밖에 체온을 올려주고 젖샘 발육을 촉진시키는 역할을 하지만, 수분을 쌓아 부종을 유발하거나 변비를 일으키기도 합니다.

여자아이의 몸과 마음을 만드는 여성호르몬

여성호르몬에는 여성스러운 골격을 만들고 가슴을 발달시키며 피부의 수분을 유지하는 효과가 있습니다. 여자아이는 이러한 여성호르몬의 작용으로 11세 무렵부터 몸과 마음에 변화가 나타나기 시작합니다.

신체적인 면에서는 어른이 되기 위한 준비가 시작되고 겉모습이 조금씩 둥그스름하고 부드럽게 변해갑니다. 그리고 정신적인 면에서는 예전과 달리 이성을 의식하기 시작하고요. 그 결과 멋 부리는 데 관심을 갖거나 오히려 이성을 피하는 모습을 보이기도 합니다.

처음 월경을 시작하는 '초경' 또한 이때 찾아오는데, 빠른 아이는 초등학교 5학년 때 시작하기도 하지요. 초경을 맞이하는 나이에는 개인차가 있기 때문에 '키가 몇 센티미터가 되면'이라든지 '중학생이 되면'처럼 외적인 요인과는 직접적인 관계가 없습니다. 초등학교 고학년부터 중학생에 이르는 시기는 특히 감수성이 예민한 때입니다. 생리라는 낯선 일을 마주하고 많은 고민과 불안을 느낄 수 있으니 옆에서 도움을 주어야 합니다.

컨디션을 좌우하는 호르몬의 급격한 변화

여성호르몬은 분비량이 급격하게 변화하기 때문에 그 변화에 제대로 대응하지 못하면 몸과 마음의 상태가 쉽게 나빠집니다. 호르몬 분비량이 맨 처음 큰 변화를 보이는 때가 바로 사춘기입니다. 여성호르몬이 늘어나 13~14세 때 초경이 시작되면, 10대 후반부터 약 35세까지 여성호르몬이 가장 많이 분비되지요. 그리고 40세가 지나면 분비량이 크게 줄고 이와 함께 몸 상태도 달라집니다. 나아가 50세 전후에 폐경이 찾아오고 나면 여성호르몬이 거의 분비되지 않는 것이 평균적인 흐름입니다.

이러한 여성호르몬 분비는 사춘기나 갱년기뿐만 아니라 한 달 사이에도 급격하게 변화합니다. 월경 등의 원인 때문이지요. 여성호르몬은 임신을 목적으로 분비되는 호르몬이기 때문에 수정이 이루어지지 않으면 월경 전 호르몬 수치가 크게 감소합니다.

평생 동안 분비되는 여성호르몬의 양은 겨우 한 스푼 정도밖에 되지 않는다고 합니다. 그럼에도 여성의 몸에 아주 큰 영향을 주는 존재이지요.

PART 2
05

아들과 딸은
말하는 방식이 다를까?

남자와 여자는 말할 때 뇌를 다르게 사용한다

남녀는 말하는 방법에도 차이가 있습니다.

남자와 여자가 말을 할 때 뇌의 어느 부분을 사용하는지 fMRI(기능적 자기공명영상)로 조사한 데이터가 있습니다. 조사 결과에 따르면 여자는 대화할 때 대뇌 반구의 왼쪽, 오른쪽 그리고 앞뒤를 모두 씁니다. 반면 남자는 좌뇌의 앞뒤 두 부분만을 사용하지요.

물론 그렇다고 해서 여자가 더 대단하다는 말은 아닙니다. 그저 대화할 때 뇌를 사용하는 방법이 서로 다르다는 것이지

4~7세 아이를 키우는 부모를 위한 첫 걸음

요. 그리고 그런 뇌 사용 방식의 차이가 말하는 방법의 차이로 이어집니다.

여자는 여러 주제를 동시에 다룰 줄 안다

여성은 말을 할 때 앞뒤 양옆 할 것 없이 뇌의 언어 영역을 골고루 동원합니다. 그래서 여러 명이 동시에 다른 이야기를 해도 알아들을 수 있지요. 여럿이 모여 이야기를 나눌 때 A씨는 남편 이야기, B씨는 자식 이야기, C씨는 다이어트 이야기를 해도 여성들은 대화 내용을 대부분 이해합니다. 여성들이 모이면 분위기가 화기애애해지는 이유가 바로 여기에 있는지도 모르지요.

이런 여성의 특징을 잘 살린 직업으로는 동시통역을 꼽을 수 있습니다. 우뇌로는 외국어를 이해하고 좌뇌로는 모국어로 통역을 하는 일이지요. 실제로 동시통역 분야에서 활약하는 여성들을 많이 볼 수 있습니다.

여성은 상대방의 표정을 읽거나 다른 사람의 기분에 공감하는 비언어적 능력도 탁월합니다. 아이를 키울 때 말 못 하는 갓난아이의 기분과 변화를 빠르게 알아채거나 아이에게 말을 가르치는 데도 도움이 되지요. 그뿐만 아니라 유용한 육아 정보를 공유하는 엄마들의 공동체를 구성하는 데도 이런 능력이 발휘됩니다.

남자는 일방적으로 말하는 경향이 있다

　반면 남성의 뇌는 대상을 '단언'하고 '규정'하는 특징이 있습니다. 그리고 주로 한 가지 주제를 가지고 길게 이야기합니다. 여성들끼리 이야기를 나누면 원만한 대화를 위해 너무 센 표현은 자제하거나 서로 칭찬을 하면서 되도록 정중하게 말하려 합니다. 하지만 남성들의 대화는 한 사람 한 사람 말하는 시간이 길고 서로 반박하거나 명령하는 말투를 쓰기도 하지요. 서로 경쟁하는 주제도 선호하고요. 그리고 침묵이 길어져도 신경 쓰지 않는 경향이 있습니다.

　부부 간의 대화를 떠올려보면 쉽게 이해가 되겠지요?

성차를 강조하는 여성어와 남성어

이러한 언어 소통의 뚜렷한 간극에는 우리 사회에 알게 모르게 존재하는 '여성어'와 '남성어'가 영향을 주고 있는지도 모릅니다. 여성에게는 여자답게 말할 것을 요구하고 남성에게는 남자답게 말할 것을 요구하니까요.

하지만 요즘 아이들이나 젊은 세대에서는 남녀의 언어 차이가 뚜렷하게 나타나지 않습니다. 이것도 젠더리스화의 일종일지도 모릅니다. 어른들은 언어 파괴라고 생각해서 말투를 고치려 들지도 모르지만, 생각하기에 따라서는 좋은 점도 있지 않을까요?

아들과 딸은
감정 표현도 다르게 할까?

여자와 남자는 어릴 때부터 다르다

　여자와 남자는 생각하고 느끼는 방식에도 눈에 띄는 차이가 있습니다. 영국의 발달심리학자 사이먼 배런코언Simon Baron-Cohen은 남자아이와 여자아이는 명백하게 다르다고 말합니다. 남자아이는 사물을 지향하는 경향이 강해서 탈것이나 로봇 같은 장난감을 가지고 상상하며 놀기를 좋아하고, 반대로 여자아이는 사람을 지향하는 경향이 강해서 인형 놀이나 소꿉놀이처럼 사람과 어울리는 놀이를 선호한다는 것이지요.

　실제로 부모가 아이 앞에서 스마트폰으로 메시지를 보내

면 아이는 어떤 반응을 보일까요? 딸은 부모의 표정이나 반응에 관심이 갖지만, 아들은 부모가 들고 있는 스마트폰에 관심을 보이는 경우가 많다고 합니다. 어른이 되어서도 남자는 대상을 체계적으로 생각하는 시스템 사고에 뛰어나며, 여자는 사람의 표정과 목소리의 미묘한 뉘앙스 등을 읽어내는 데 뛰어납니다. 이 밖에도 다양한 연구 결과가 남녀의 차이를 증명하고 있습니다.

웃는 얼굴로 사진 찍는 딸, 무표정으로 사진 찍는 아들

사람은 공포, 혐오, 분노, 기쁨, 만족, 감사와 같은 여러 가지 감정을 느낍니다. 이런 다양한 감정을 남녀가 어떻게 표현하는지 조사하기 위해 마이크로소프트 연구소가 5개국에서 2000명 이상의 피험자를 모아 시장에서 판매 중인 여러 상품의 광고 영상을 보여주고 피험자의 반응을 웹카메라로 촬영했습니다.

실험 결과, 여성들은 남성보다 더 풍부한 표정을 보여주었습니다. 여성은 남성보다 웃는 횟수가 많았고 웃는 시간도 더 길었고요. 남성은 여성보다 분노를 더 강하게 표현한다는 사실도 드러났습니다. 남성은 여성에 비해 미간을 자주 찡그리고 입꼬리를 내리고 있는 시간도 여성보다 훨씬 길었지요.

다시 말해, 이 실험에서 여성은 긍정적인 기분을 표정에 많이 드러내고 남성은 부정적인 기분을 표정으로 많이 표출한다는 사실을 알 수 있었습니다. 실험에 참가한 이들은 미국인, 독일인, 영국인, 프랑스인, 중국인이었는데, 어떤 나라든 남녀의 차이가 거의 동일하게 나타났다고 합니다.

떠올려보면 사진을 찍을 때 여자는 주로 미소를 짓지만, 남자는 무표정할 때가 많다는 생각이 듭니다. 남자와 여자는 감정 표현도 이렇게 다른 부분이 있습니다.

'남자니까', '여자니까'라는 고정관념

머릿속에서 지도를 회전시키는 능력의 차이

'남녀의 차이' 하면 남자는 지도를 잘 읽고 여자는 지도를 잘 못 읽는다는 말이 나오기도 합니다. 이 말은 과연 사실일까요? 여자가 지도를 못 읽는다는 생각이 아무런 근거 없는 고정관념이라면 몹시 안타까운 일이겠지요. 그렇다면 왜 그런 말이 나왔는지 한번 생각해봅시다.

지도를 읽는 능력은 머릿속에서 지도를 회전시키는 멘탈 로테이션mental rotation(심적회전)이라 불리는 작업을 잘하느냐 아니냐에 따라 결정된다고 말합니다.

69

이와 관련된 실험이 있습니다. 피험자에게 지도 샘플을 준 뒤 지도가 거울에 비친 듯이 좌우가 반전되면 어떤 모양이 되는지를 골라내게 하는 방식이었지요. 바로 멘탈 로테이션을 확인하는 실험으로, 여성 피험자의 정답률이 더 낮다는 결과가 나왔습니다.

다시 말해, 멘탈 로테이션을 처리하는 뇌 부위의 크기가 성별에 따라 다르며 평균적으로는 남성이 더 크다는 이야기입니다. 실제로 남녀의 차이가 개인차에 미치지는 못하겠지만, 이 실험에서는 통계상 남녀 간에 차이가 존재한다고 볼 수 있습니다.

어쩌면 고정관념 때문일지도 모른다

하지만 여자가 지도를 잘 못 읽는다고 생각하는 이유는 그뿐만이 아닙니다. 멘탈 로테이션 능력을 알아보는 다른 실험 중 같은 수의 남녀 대학생이 참가한 실험이 있습니다.

독특하게도 이 실험에서는 답안지를 두 가지 준비해서 A그룹은 이름 옆 칸에 성별을 적도록 하고, B그룹은 이름 옆에 대학교 이름을 적도록 했습니다. 이것이 이 실험의 포인트입니다.

그 결과 일반적인 멘탈 로테이션 능력 실험과 마찬가지로 여성의 평균 정답률이 남성보다 낮게 나타났습니다. 그리고 놀랍게도 이름 옆에 학교 이름을 적은 B그룹 여학생들보다 이름 옆에 '여자'라고 적은 A그룹 여학생들의 정답률이 더 낮았습니다.

어쩌면 답안지에 자신의 성별을 적으면서 여자는 지도를 읽거나 수학 문제를 푸는 데 서툴다는 생각을 무의식적으로 떠올렸을지도 모르지요. 자신에게 스스로 암시를 건 셈입니다. '여자니까'라는 고정관념이 본래 개인이 가진 능력을 저해한다는 사실은 젠더 이야기와도 연결됩니다. 우리 아이의 가능성을 좁히지 않도록 부모로서 반드시 명심해야 할 이야기입니다.

길은 하나가 아니라는 사실을 잊지 말자

이번에는 지도 읽기를 다른 각도에서 들여다봅시다.

수렵·채집 사회에서 남자는 이리저리 돌아다니는 사냥감을 쫓기 위해 동물의 움직임에 맞춰 사냥 경로를 설정했습니다. 그리고 사냥감을 잡는 데 성공한 뒤에는 외부의 적에게 식량을 빼앗기지 않고 안전하고 확실하게 운반할 수 있도록 가장 가까운 길을 선택했습니다.

　이때 남자는 하늘에서 땅을 내려다본 듯한 지도를 머릿속에 그리면서 집까지 가는 최단 경로를 파악했지요. 그 결과 남자의 뇌는 공간지각 능력이 탁월한 형태로 진화했습니다.

　그렇다면 여자는 어떨까요?

　실제로 눈에 보이는 풍경이나 표시만 보고 이동할 때는 남자보다 여자가 더 수월하게 목적지에 다다를 수 있습니다. 수렵·채집 사회에서 여자는 주로 나무 열매나 식물을 채집했습니다. '큰 바위 옆에 빨간 열매 나는 나무가 있다.' 이렇게 고정된 목표를 두고 이동했기 때문에 여자는 풍경이나 표시를 기준으로 이동하는 능력을 길렀다고 추측합니다.

　즉, 이론을 바탕으로 말하자면 지도를 읽는 능력은 어떤 지도냐에 따라 달라지므로 큰 차이가 없다는 결론이 나옵니다. 분명 여자와 남자가 각각 잘하고 못하는 부분은 있지만, 능력에 맞는 방법으로 목적지에 도착한다면 결과 자체는 같으니까요.

　지도뿐 아니라 육아도 마찬가지입니다. "남자애니까 이런 건 못해도 돼."라든지 "여자애니까 못해도 어쩔 수 없지."라며 성별을 이유로 포기하기 전에 우리 아이에게 맞는 방법이 있을지도 모른다는 사실을 한 번 더 생각해보면 어떨까요?

젠더 교육은 아이에게
어떤 영향을 줄까?

젠더 교육을 중시하는 스웨덴의 어느 학교

어른들은 별다른 뜻 없이 아이에게 이런 칭찬을 하곤 합니다. 여자아이에게는 "너 참 귀엽고 착하구나.", 남자아이에게는 "녀석 정말 씩씩하구나." 하고 말이지요. 하지만 로타 라얄린Lotta Rajalin 원장이 운영하는 스웨덴의 이갈리아Egalia 유치원은 젠더 교육에 무게를 둔 특별한 교육 시설로 성별에 따른 고정관념을 아이에게 강요하지 않습니다. 교사도 아이들을 성별로 구별 지어 대하지 않도록 교육받고, 아이들이 여자아이라서 화를 참아야 하고 남자아이라서 울면 안 된다는 생각을 갖지 않도록 세심히 살핍니다. 그리고 아이들은 성별에서 벗어난 채 자기가 좋아하는 놀이를 고르고 자신의 감정을 표현하는 법을 배웁니다.

성별을 받아들이는 것과 얽매이는 것은 다르다

이런 유치원에 다니면 아이는 과연 어떤 어른으로 자랄까요? 스웨덴 웁살라대학의 연구 결과, 아이를 성별로 구별하지 않는 유치원에서 공부하며 자란 아이들은 친구를 사귈 때 성별에 상관없이 친밀한 관계를 쌓고, 정해진 성 역할에 영향을 덜 받는다는 사실이 밝혀졌습니다. 물론 연구 대상이 된 아이들은 자신이 남자인지 여자인지 구별하고 인식할 줄 알았습니다. 하지만 남자니까 바지를 입고 여자니까 원피스를 입어야 한다는 생각은 하지 않았지요.

요컨대 성별 없는 유치원에 다닌 아이들도 자신과 타인을 성별에 따라 다른 범주로 구분하기는 하지만, 사람을 남녀로 나누거나 차별하는 행동을 훨씬 덜 했다는 이야기입니다.

어떤 면이든 부정할 필요는 없다

하지만 그렇다고 해서 반드시 남자다움이나 여자다움을 완전히 부정할 필요는 없습니다. 그것이 자신에게 편안하고 기분 좋게 느껴진다면 그대로도 충분합니다. 지금까지 이야기했듯이 남자와 여자에게는 생물학적 차이가 분명히 존재하므로 지나치게 부정하면 자칫 '진정한 자신'을 부정하는 일이 될지도 모르니까요.

또 하나, 그런 남녀의 차이란 어디까지나 '통계적 경향'에 지나지 않는다는 사실도 알아두어야 합니다. 실제로는 어떤 남자든 '남자다움'이라고 생각하는 부분에서 조금쯤 어긋난 부분이 있고, 어떤 여자든 '여자다움'에서 벗어난 부분이 있기 마련입니다. 특히 여성의 이런 부분은 얼마 전까지만 해도 '여자력女子力'이 부족하다고 표현했었지요. 하지만 고정된 관념에서 벗어난 부분까지도 전부 다 자신이라고 받아들이는 것이 중요합니다.

남자냐 여자냐 하는 두 가지 선택지밖에 없다는 생각은 답답하기 그지없습니다. 남자냐 여자냐 이전에 '나는 나'임에 틀림이 없으니까요. 그러니 남자답든, 여자답든, 둘 다이든, 어느 쪽도 아니든, 자신의 의지로 원하는 것을 고르면 됩니다.

'나다움'을 받아들이는 데 도움이 되는 남녀의 차이

우리 아이 또한 마찬가지입니다. 성별에 따라 어떤 경향이 있는지 알면 부모가 자신과는 다른 아이의 '나다움'을 더 쉽게 받아들일 수 있기 때문입니다. 특히 엄마가 아들을, 아빠가 딸을 이해하는 데도 도움이 됩니다.

물론 가장 중요한 것은 아이의 개성입니다. 성별에 따른 육아의 노하우는 우리 아이가 어떤 '나다움'을 가지고 있는지 이해하고 더 행복하게 살아가는 데 도움이 되는 지식이라고 생각해주세요. 절대 남자아이는 이래야 하고 여자아이는 저래야 한다고 단정 짓는 재료로 삼지는 않으시기를 바랍니다.

남자아이 키울 때
알아야 할 것들

아들은 정말
키우기 힘들까?

아들은 키우기 힘들다는 옛말

아들은 딸보다 키우기 어렵다는 말을 자주 듣습니다.

혹시 '딸 하나 아들 둘'이라는 말을 들어보셨을까요? 아들은 키우기 어려우니 우선은 딸을 키우며 육아에 적응한 다음 아들을 키우는 편이 좋다는 뜻입니다. 저희 부모님도 이 말처럼 딸인 저를 먼저 키우고 나서 남동생을 키우니 생각보다 수월하게 느껴졌다고 말합니다.

하지만 제가 어린 시절을 보낸 1970년대에는 대가족이 많아서 부모님 외에도 아이를 보살펴줄 어른이 있었습니다.

친척이나 친한 이웃이 가까이 있는 데다 마을 여기저기에 광장이나 놀이터처럼 뛰놀 곳도 많았고요. 부모들도 남자아이들이 싸우거나 다치는 데 관대했으니 지금에 비하면 아들을 키우기 좀 더 쉬운 환경이었을지도 모릅니다.

지금은 조금 더 어려워진 아들 육아

지금 같은 환경에서는 아들을 키우기가 예전보다 녹록하지 않을지도 모릅니다.

타인과의 소통은 희박해졌으나, 반대로 세상눈은 더 엄격해졌기 때문이지요. 예전에는 남자아이가 신나게 뛰어노는 모습을 보면 "고 녀석 참 씩씩하네." 하고 흐뭇한 미소를 지었지만, 지금은 "시끄러우니까 조용히 해주세요."라고 말하는 사람이 많습니다. 몸을 움직이며 놀기 좋아하는 아이들에게는 갑갑한 세상이 되어버렸습니다.

'초식남'이라는 말이 처음 나온 지도 벌써 오래되었지요. 이렇게 차분하고 조용한 남자가 많아진 배경에는 남자아이들에 대한 사회의 요구가 숨어 있는지도 모릅니다.

하지만 남자아이가 사회가 원하는 조용한 아이, 얌전한 아이가 되는 것은 정말 좋은 일일까요? 만약 그것이 젠더리스라고 한다면 저는 의문을 제기하고 싶습니다.

엄마는 아들의 마음을 이해하지 못할 때가 있다

엄마가 아들을 키우기 힘들다고 생각하는 데는 또 다른 이유가 있습니다. 바로 성별이 다르기 때문입니다. 따라서 아들을 둔 엄마는 자신의 어린 시절을 참고해보려 해도 어디까지나 여자아이의 마음과 행동이니, 아들의 기분을 제대로 이해하기가 힘듭니다.

반대로 아빠는 아들의 엉뚱한 행동과 말을 동성으로서 더 잘 이해하기도 합니다. 그래서 아이를 지나치게 걱정하지 않지요. 그러니 이해하기 힘든 점이 있다면 아들과 마찬가지로 소년 시절을 보냈던 남편에게 물어보세요. 그리고 체력이 많이 필요한 놀이는 아빠가 먼저 발 벗고 나서주어야겠지요. 이런 작은 궁리만으로도 아이를 좀 더 즐겁게 키울 수 있습니다.

공격성 행동에는 단호하게 대처하자

말보다 손이 먼저 나가는 아들의 공격성 또한 부모를 걱정하게 하는 고민거리 중 하나입니다. 다른 아이와 싸울 때 여자아이들은 말로 공격하는 경향이 있지만, 남자아이들은 때리거나 몸으로 공격하기 십상이지요.

그럴 때 아이가 몸으로 공격해서 상대를 물리쳤다는 성취감을 느끼면 앞으로도 폭력으로 해결하면 된다고 생각하게 됩니다. 이런 상황을 막으려면 부모는 폭력은 용납할 수 없다는 단호한 자세로 아이를 대해야 합니다. 가정에서 도덕에 관한 규칙을 정해두고 실천하는 것도 좋은 방법입니다.

아들은 정말
말이 느리고 몸도 약할까?

여자아이가 더 빠른 경향은 있지만 개인차도 크다

남자아이는 말이 느리다는 이야기에 많은 부모가 걱정을 합니다. 부모가 하는 말을 알아듣고 또래 친구들과도 사이좋게 잘 노는데, 유독 말은 잘 못하는 모습을 보면 걱정이 될 법하지요.

보통 언어 발달은 여자아이가 좀 더 빠르다고 말합니다. 성별에 따라 다르다는 연구도 있는가 하면 그렇지 않다는 연구도 있습니다. 언어 발달은 개인차가 큰 영역이기 때문에 딱 잘라 말하기 어려운 것이지요.

언어 발달 실험을 한다 해도 우연히 말이 빠른 남자아이나 여자아이가 많이 포함될 수도 있습니다. 그리고 그런 요인을 배제하기 위해 피험자의 수를 늘리면, 역시 여자아이의 언어 발달이 조금 더 빠르다는 결과가 나옵니다. 그러니 남자아이는 여자아이보다 말이 좀 느릴 수도 있다는 사실을 염두에 두되 너무 깊이 고민할 필요는 없습니다. 대부분 네다섯 살부터 말이 급격히 많아지고 초등학교에 입학할 무렵에는 여자아이와 크게 차이가 나지 않으니 안심하고 기다려주세요.

건강하게 생활하면 걱정할 필요는 없다

영유아 사망률에 관한 조사 내용을 살펴보면 여아보다 남아의 사망률이 조금 더 높게 나타납니다. 태아일 때 남아는 엄마 배 속에서 여아에 비해 몸집이 커지기 때문에 출산 시 산모의 몸에 부담이 가거나 다양한 문제의 원인이 될 수 있어서라고 합니다. 하지만 의학이 발전하면서 이런 차이는 크게 줄어들었습니다.

남자아이의 몸이 약한 또 다른 이유로 남아가 태어날 때

평균적으로 여아에 비해 폐 기능이 덜 성숙하고, 대사 기능이 더 활발하다는 점을 꼽기도 합니다. 하지만 의학과 영양학이 발전하면서 영유아 사망률이 낮아지고 남녀의 차이도 거의 눈에 띄지 않게 되었습니다.

요컨대 현대사회에서는 남자아이와 여자아이의 건강은 성별에 따라 다르지 않다고 봅니다. 우리 아이가 아들이라서 몸이 약하다는 생각이 든다면 선입견 때문일 가능성이 크지요. 그러니 지나치게 걱정하지 않는 편이 좋습니다. 아이가 건강하게 무럭무럭 자라려면 남녀의 차이를 신경 쓰기보다 하루하루의 건강한 생활 습관을 지키는 것이 더 중요합니다. 규칙적인 생활을 유지하면 남자아이도 여자아이도 튼튼하게 성장합니다.

아들은 왜 기차나 자동차를 좋아할까?

애정기 육아 비결 ①

남자아이와 여자아이는 눈의 구조가 다르다

어린 아들을 둔 엄마들이 궁금해하는 점이 있습니다.

"남자아이들은 왜 이렇게 기차나 자동차를 좋아할까?"

역 플랫폼에서 전철이나 기차를 보고 흥분한 아이를 못 말린다는 얼굴로 지켜보는 엄마의 모습을 자주 볼 수 있지요. 케임브리지대학 연구팀의 실험 결과에 따르면 남자아이는 선천적으로 움직이는 물체에 관심을 보이고, 여자아이는 사람의 얼굴에 관심을 갖는다고 합니다. 그 이유는 남자와 여자의 눈 구조가 다르기 때문입니다.

우리 눈의 망막은 빛을 전기적 정보로 변환하는 신경조직이며, 망막 안의 원뿔세포는 색에 반응합니다. 망막은 받아들인 정보를 신경절 세포로 보냅니다. 이때 정보를 받아들이는 신경절 세포는 M세포(대세포)와 P세포(소세포)라고 하고요. M세포는 움직임을 탐지하는 장치로 '움직임과 방향'에 관한 정보를 모으고 시야 안에 있는 물체를 좇을 수 있습니다. P세포는 '색과 질감'에 관한 정보를 수집합니다. 다시 말해 M세포는 물체가 어디에 있고 어디로 가는지 알 수 있으며, P세포는 물체의 정체가 무엇인지 파악한다는 것이지요.

해부학자 에드윈 레퍼트를 비롯한 연구팀은 어떤 동물이든 수컷이 M세포를 더 많이 가지고 있으며 망막도 암컷보다 두껍다는 사실을 발견했습니다. 다시 말해 인간 남성의 망막에는 두껍고 큰 M세포가 많이 분포되어 있고, 여성의 망막에는 작고 얇은 P세포가 많다는 이야기입니다.

남자아이는 동적인 그림을 그린다

실제로 어린아이들을 대상으로 실험해보니 남자아이들은

"이것은 어디에 있는가?"라는 질문에 쉽게 답했고, 여자아이들은 "이것은 무엇인가?"라는 질문에 쉽게 답했다고 합니다.

요컨대 M세포가 많은 남자아이들은 위치, 방향, 속도를 잘 감지하기 때문에 사물이 어디에 있는지, 어떤 속도로 움직이는지를 눈여겨봅니다. 그래서 움직이는 물체, 즉 기차나 자동차 같은 탈것에 쉽게 시선을 빼앗기는 것이지요. 이런 특징은 남자아이들이 그린 그림에도 분명히 드러납니다. 발사되는 로켓, 움직이는 차, 달리는 전철, 폭발하는 화산처럼 동적인 표현을 많이 볼 수 있습니다.

남자아이는 차가운 색을 좋아한다

남자아이는 보통 차가운 색, 즉 한색 계통의 색을 좋아합니다. 검은색, 파란색, 은색, 회색, 금속 느낌이 나는 색처럼 한마디로 멋있다고 표현할 수 있는 색이지요. 남자아이들은 '도로를 달리는 검은 차'와 같이 동적인 그림을 차가운 색으로 자주 그립니다. 부모가 보기에는 아들이 대체 뭘 그렸는지 알쏭달쏭할 때가 많지요.

이런 눈의 특징은 수렵·채집 시대에도 도움이 되었으리라 추측합니다. M세포가 많은 남자는 흙과 녹음에 가려지기 쉬운 커다란 사냥감과 동물의 그림자를 눈으로 빠르게 좇을 수 있으니 사냥에 도움이 되었겠지요.

아이마다 다르니 단정은 금물

하지만 기차나 자동차에 별로 관심이 없는 남자아이도 물론 있습니다. 강렬한 빨강이나 분홍, 노랑 같은 따뜻한 색을 좋아하는 남자아이도 있고요.

누구나 취향은 다르기 마련이니 "우리 애는 남자애니까 검정이나 파랑을 좋아하겠지." 하고 단순하게 단정 지어서는 안 됩니다. 물론 부모의 취향을 지나치게 강요하지 않는 것도 중요합니다. 아이가 어떤 색을 좋아하든 개성으로 받아들이고 존중해주세요.

아들은 왜 위험한
장난을 치려고 할까?

애정기 육아 비결 ②

위험에 끌리는 남성호르몬

남자아이는 걸음마를 뗀 순간부터 위험한 행동을 하기 시
작합니다. 높은 곳에서 뛰어내리기, 온갖 구멍에 손가락 집어
넣기, 공 위에 아슬아슬하게 올라타기 등. 그러다 보니 아이
가 다칠까 봐 걱정이 끊이질 않습니다.

부모의 입장에서는 아들의 이런 위험한 행동을 이해하기
어렵기 때문에 고민의 원인이 됩니다. 사실 남자아이가 위험
한 행동을 하는 큰 원인은 남성호르몬 때문입니다.

남성호르몬인 테스토스테론이 도전 정신과 경쟁심을 불

러일으킨다고 이야기했지요. 테스토스테론이 호기심, 공격성, 승부욕을 일으켜 자신의 능력을 과대평가하게 되면, 무심코 위험한 행동을 하려는 마음이 들기 때문입니다.

남자가 생각하는 '위험'	좋은 것 또는 설레는 것
	위험을 무릅쓰고 행동하는 사람은 영웅
	위험을 회피하는 사람은 겁쟁이
여자가 생각하는 '위험'	나쁜 것 또는 무서운 것
	위험을 무릅쓰고 행동하는 사람은 어리석은 사람
	위험을 회피하는 사람은 현명한 사람

남자아이에게 위험한 모험은 호기심, 공격성, 승부욕을 자극하고 스릴과 흥분 그리고 가슴 뛰는 설렘을 안겨주는 일입니다. 게다가 위험을 무릅쓰고 도전하면 또래 남자아이들에게 선망의 대상이 되니, 우상이 되기 위해 또는 겁쟁이라는 낙인을 피하기 위해 위험한 일에 뛰어들게 되는 것이지요.

얼마 전 한 드라마에서 남자아이 네 명이 계단에서 뛰어내리기 시합을 하는 장면이 나왔습니다. 아이들이 서로 더 높은 단에서 뛰려고 경쟁하다가 가장 높은 단에서 뛴 아이의 다리뼈에 금이 간다는 에피소드였지요. 다른 친구들은 그 상처를 훈장으로 여기며 아이를 존경하고, 본인도 멋지다며 자랑스럽게 목발을 보여줍니다. 그야말로 '위험을 무릅쓰고 도전하면 영웅'이라는 남자아이들의 세계를 잘 보여주는 장면입니다.

운동으로 충동을 적절히 발산하자

남자아이들이 위험한 행동을 하는 데는 생물학적인 원인이 있으며, 그런 행동으로 신체 능력을 키우고 자신의 능력을 헤아리기도 합니다. 그러니 이런 특성을 지나치게 억누르면 오히려 역효과가 날 수 있지요. 특히 성별이 다른 엄마가 보기에는 이해하기가 더욱 어렵겠지만, 앞서 살펴보았듯이 남자는 본래 위험을 선호하고 여자는 위험을 피하고 싶어 하는 경향이 있습니다. 그러니 위험을 좋아하는 아들과 위험을 회피하려 하는 엄마 사이에는 이해하지 못할 간극이 있기 마련이라고 생각해봅시다. 그렇게 명쾌하게 결론짓고 받아들이면 마음이 훨씬 편안해집니다. 약간 긁히거나 베인 상처쯤은 너그럽게 봐주세요.

물론 크게 다쳐서는 안 되니 돌이킬 수 없는 상처를 입지 않도록 어느 정도 관리할 필요는 있습니다. 운동이나 몸을 쓰는 놀이 등으로 위험하게 행동하려는 충동을 적절히 발산시켜줍시다. 아들을 키우려면 체력이 필요하다는 말은 이런 이유 때문이지요. 당연히 아빠의 역할이 매우 중요합니다.

남자아이는 친구들과
놀 때야말로 주의가 필요하다

애정기 육아 비결 ③

남자아이는 여럿이 모이면 어디로 튈지 모른다

위험한 일을 하고 싶어 하는 남자아이들의 성향은 집단이
되면 한층 더 강해집니다. 더 위험하고 자극적인 일에 도전하
려 하지요. 그래서 돌보는 어른 없이 같은 또래 남자아이들만
모여서 행동하면 다칠 위험이 크게 높아집니다.

남자아이는 자신의 능력을 과신하는 경향이 있어서 해본
적 없는 일에도 "괜찮아! 성공하면 엄청 멋있을 거야!" 하며
누구도 경험하지 못한 위험한 행동을 서로 겨루려고 합니다.
물에 빠지는 사고가 남자아이들에게 자주 일어나는 이유도

바로 여기에 있습니다. 위험하다는 사실을 알면서도 여럿이 모이면 "좋아! 가보자!" 하고 과감하게 나서게 되기 때문이 지요.

〈스탠 바이 미 Stand by me〉라는 유명한 영화가 있습니다. 스 티븐 킹의 《사계 Different Seasons》라는 중편집 중 〈시체 The Body〉(한국에서는 《스탠 바이 미》라는 제목으로 출간 – 옮긴이)라는 소설을 원작으로 한 불후의 명작입니다. 영화를 간단히 소개 하자면 이런 이야기입니다.

1959년 오리건주의 작은 시골 마을 캐슬록.
열두 살 문학소년 고디는 감수성이 풍부한 아이지만, 번듯한 형 데니가 사고로 죽은 뒤 부모님의 시선은 늘 차갑기만 하다. 고디에게는 늘 함께하는 동갑내기 친구들이 있다.
아버지는 알코올 중독에 형은 양아치인 혼란스러운 가정환경 에서 미래에 대해 불안을 느끼는 대장 크리스. 과거 노르망디 상륙 작전의 영웅이었던 아버지에게 비뚤어진 애정을 안고 있 는 테디. 그리고 뚱보에 겁도 많은 번.
어느 날 번이 세 친구에게 한 이야기를 들려준다. 며칠 동안 행 방불명되었던 소년이 열차에 치여 죽었고 30킬로미터 떨어진

숲에 방치되어 있다는 것이다.

네 소년은 마을의 영웅이 되기 위해 불안과 흥분을 가슴에 안고 어른들 몰래 시체를 찾는 여정에 나선다.

명작으로 알려진 이 영화에는 위험을 무릅쓰고 모험에 나서는 소년들의 모습이 담겨 있습니다. 실제로도 이 영화를 보고 많은 아이들이 모험에 나섰다고 합니다. 이럴 때 나이가 좀 더 많은 형이나 경험 많은 아이가 옆에 있으면 위험한 일을 하려고 해도 좀 더 안전한 방법을 알려줄 수 있겠지요. 하지만 같은 또래의 어린 남자아이들이 모인 집단에서는 위험한 일을 억제하기가 어렵습니다.

일방적으로 금지하기보다 아이와 함께 규칙을 만들자

그렇다고 해서 위험한 일을 아예 못 하게 막으면 역효과가 납니다. 무엇보다 정해진 길에서 벗어나고자 하는 남자아이들의 '재미있는 일'에 대한 남다른 상상력과 행동력은 미래를 살아가는 중요한 힘이기도 하니까요. 그래서 이 시기 남자아이를 안전하게 키우는 방법으로 부모와 아이가 함께 규칙을 정하고 부모의 권위로 관리하는 방식을 추천합니다.

예를 들어, 자전거를 탈 때는 부모님께 반드시 허락을 받는다는 규칙을 만들었다고 해봅시다. 하지만 같이 놀자는 친구의 말에 신난 아이는 규칙을 어기고 말없이 자전거를 끌고 나가고 말았습니다. 이럴 때는 규칙을 어겼다고 노발대발하며 혼내기보다는 함께 정해놓은 벌칙을 아이에게 알려주고 실행해보세요.

만약 벌칙이 자전거 안장을 빼거나 체인을 걸어두는 방식이라면, 혹시 아이가 벌칙 기간 중에 다시 약속을 어기고 자전거를 타려고 해도 어쩔 도리가 없어집니다. 자신도 어쩔 수 없는 상황이라면 친구에게 부모님 말만 듣는 겁쟁이라는 말을 들을 걱정도 없고 또래 아이들 사이에서 체면도 지킬 수 있지요.

이처럼 남자아이가 위험한 행동을 할 때는 큰소리로 꾸짖기보다는 아이와 함께 규칙을 정하고 해도 되는 일과 해서는 안 되는 일을 학습하게 하는 편이 훨씬 더 효과적입니다.

말주변이 없는 아이에게는
적절히 힘을 보태주자

애정기 육아 비결 ④

꾸중 대신 칭찬으로 자신감을 심어주자

앞에서 이야기했듯이 언어 발달은 여자아이가 남자아이보다 빠른 편입니다. 따라서 어린 아들을 둔 부모는 남자아이들이 평소 오해받기 쉽다는 사실을 염두에 두어야 합니다.

여자아이는 남자아이에 비해 '안녕하세요', '감사합니다' 같은 인사를 빨리 배웁니다. 그래서 여자아이들이 더 똘똘하고 기특해 보이지요.

반면 아직 말이 서툰 남자아이는 부모님에게 "인사해야지."라는 말을 들으면 머리로는 알아도 우물대거나 머뭇거리고 맙니다. 이럴 때 "제대로 인사해야지!" 하고 꾸짖으면 아이는 궁지에 몰려 점점 더 자신감을 잃어버립니다. 결국 입을 열기가 더 힘들어지기도 하지요.

그러니 말을 잘 못했다고 콕 집어서 혼내지 말고 우물대며 불분명하게 인사하더라도 "인사했구나. 아주 잘했어."라고 인정해주고 자신감을 심어주세요. 그러다 보면 점점 더 또렷하고 활기차게 인사할 수 있게 됩니다.

여동생과 다투었을 때는 오빠의 말도 꼭 들어주자

남매를 키우다 보면 여동생에게 속상한 말을 들은 오빠가 말로 제대로 받아치지 못하고 여동생을 쥐어박아 울리는 경우가 있습니다. 이럴 때 울음소리를 듣고 달려온 부모님은 누구를 혼낼까요? 이것저것 묻기도 전에 때린 쪽이 나쁘다며 오빠를 혼내기 십상이지만, 먼저 아들과 딸의 말에 모두 귀 기울여야 합니다. 그러고 나서 아들에게는 어떤 이유가 있더라도 때려서는 안 된다고, 딸에게는 그런 말을 하면 안 된다고, 양쪽을 모두 꾸짖어 상황을 정리하는 것이 좋습니다.

아들이 동생을 때린 이유나 심정을 제대로 듣지 않고 일방적으로 혼만 내면 불만이 쌓이고 쌓여서 부모님의 말을 듣지 않게 되거나 남매 사이가 나빠질 수도 있습니다.

칭찬받으려고 하는 행동은 요란하게 칭찬해주자

가만히 있지 못하는 것도 잘못 생각하기 쉬운 아들의 행동 중 하나입니다. 부모 입장에서는 '어쩜 저리 산만할까?' 하고 고민하기 쉽지만, 이 또한 말보다 행동이 먼저 발달하는 남자아이들의 특징이라 할 수 있습니다.

성인 남성도 마찬가지이지만, 남자아이는 자신을 과시하거나 자랑하기를 무척 좋아합니다. 그런데 말로는 자신이 원하는 만큼 어필하지 못하니 행동으로 보여주려 하지요. 그렇기 때문에 아이의 마음을 읽지 못하고 얌전히 있으라고 야단쳐 보았자 효과가 별로 없습니다. 잔소리하기보다는 "대단하네!", "역시 우리 아들이야." 하고 칭찬해주면 비로소 만족하고 얌전해지기도 합니다.

자상한 할머니, 할아버지가 아이를 칭찬하는 모습을 떠올려보세요. 할머니, 할아버지는 어떤 아이든 아무런 근거 없이도 "작은데도 기특하구나.", "분명 앞으로 큰 인물이 될 거야."라고 입에 침이 마르도록 칭찬해주지요. 이렇게 과장된 칭찬도 효과적입니다. 혹시라도 유난 떨지 말라거나 별것 아니라며 아이를 부정해서는 안 됩니다. 어린 시절에 자신을 과시하고 싶은 욕구가 충족되지 않으면 그런 바람이 지나치게 커져서 타인과의 인간관계가 불안정해질 수 있습니다.

아이가 가만히 있지 못한다는 것은 호기심이 왕성하고 에너지가 넘친다는 증거입니다. 두뇌 회전이 빠른 아이일수록 다소 산만하고 쉽게 싫증을 내는 경향이 있다고 하지요. 똘똘하고 장난 많은 개구쟁이가 어른의 꾸중 때문에 소중한 재능을 잃어버린다면 이보다 아까운 일이 있을까요?

말 안 듣는 아들, 엄마 말에 귀 기울이게 하는 법

애정기 육아 비결 ⑤

바로 효과가 나타나는 세 가지 방법

애정기, 즉 영유아기 남자아이는 억지로 틀에 맞추거나 일일이 참견하고 잔소리하는 것을 싫어합니다. 뭐든 직접 해보고 색다른 일에 도전하고자 하는 욕구가 대부분 여자아이보다 몇 배는 더 강하기 때문입니다.

그래서 이렇게 해라, 저렇게 해라 아무리 말해도 잘 듣지 않습니다. 그럴 때 부모의 말에 귀 기울이게 하는 세 가지 방법을 소개합니다.

① 안 되는 이유를 설명한다

혹시 "안 돼!"라는 말을 너무 자주 하고 있지는 않으신가요? 호기심으로 똘똘 뭉친 남자아이들은 끊임없이 위험한 일에 손을 뻗치니 안 된다는 말이 입에 붙을 정도입니다.

하지만 아들은 부모님이 왜 화를 내는지 머리로 이해하지 못하면 어째서 하면 안 되는지 깨닫지 못합니다. 여자아이와 달리 남자아이의 사고 회로는 '부모님이 화를 냈다. 즉, 하면 안 되는 일이다'와 같이 연결 짓지 못하기 때문입니다. 늘 사물을 논리적으로 생각하려 하는 남자아이에게 아무리 감정적으로 야단을 쳐봐야 '왜 저렇게 화를 내지?' 하고 의문이 들 뿐이지요. 아들을 대할 때는 "○○하면 안 되는 이유는 ○○하기 때문이야."라고 납득할 수 있게 이야기해주세요.

② 인정받고 싶은 심리를 이용한다

집에서 아이가 할 수 있을 만한 일을 자꾸자꾸 맡겨주는 것도 좋은 방법입니다. 그럴 때 "아빠 좀 도와줄래?", "엄마랑 같이 해볼래?" 하며 의지하는 모습을 보여주면 아이는 보람을 느끼며 스스로 일을 도와줍니다.

영유아기에 아들은 아빠를, 딸은 엄마를 닮고 싶어 합니다. 아들이 아빠처럼 멋있어지고 싶다고 생각하는 이 시기에 아빠가 어떤 모습을 보여주느냐에 따라 아이도 달라지지요. 아빠가 집에서 듬직하게 집안일하는 모습을 보여주면 '아빠는 집안을 잘 돌보니까 나도 아빠처럼 자기 할 일을 멋지게 해내야지'라는 생각에 집안일도 열심히 도우려 합니다.

아이가 그런 생각을 행동으로 옮겼을 때는 "우리 아들 정말 믿음직스럽네. 너무 멋있어!" 하고 칭찬해주세요. 아들은 더 열심히 할 에너지를 얻습니다.

③ 경쟁심을 자극한다

아들의 '경쟁하고자 하는 심리'를 잘 이용하면 행동을 좀 더 쉽게 조절할 수 있습니다. "이거 해야지!"라고 외치는 대신 "엄마랑(아빠랑) 시합할까?" 하면 남자아이들은 대부분 넘어옵니다. 정리든 청소든 공부든 운동이든 아이의 경쟁심을 자극해보세요.

다만 성인 남성도 경쟁심이 강하기 때문에 아빠와 아들의 승부는 자칫 지나치게 진지해질 수도 있습니다. 아이라고 봐주지 않고 겨루다가 아빠는 압승을 거두고 아들은 울음바다…. 그리고 그 모습을 지켜보던 엄마는 "아이고, 내가 못살

아…." 하며 한숨 쉬는 광경이 왠지 익숙하지 않으신가요? 이
럴 때는 엄마의 적절한 중재가 필요합니다.

비판, 지적, 비교는 절대 금물

반대로 이 시기 남자아이에게 해서는 안 되는 일이 있습
니다. 바로 '비판, 지적, 비교'입니다. 다른 사람 앞에서 심하
게 야단치거나, 못한다고 깔보거나, 누나는 하는데 너는 왜
못하냐며 형제자매와 비교하는 말은 결코 해서는 안 됩니다.
남자아이는 특히 자존심에 상처를 입으면 자신감을 잃고 자
신의 힘을 온전히 발휘하지 못하게 되기도 합니다.

남자아이는 언제나 폼을 잡고 싶어 하고 칭찬받기를 원하
며 인정받고 싶어 합니다. 특히 여성에게 인정받는 존재가 되
기를 강하게 원합니다.

남자아이 주변에 있는 여성이라 하면 보통 엄마, 할머니,
누나나 여동생이 있지요. 먼저 엄마가 중심이 되어 멋져 보이
고 싶어 하는 우리 아이를 칭찬하고 인정해주면 어떨까요?
칭찬과 격려는 아이의 능력과 재능을 더 크게 키워줍니다.

아들에게 어떤 책을 읽게 하면 좋을까?

훈육기 육아 비결 ①

모험소설이나 논픽션으로 다양한 경험을 안겨주자

8~13세까지의 훈육기에는 특히 많은 부모가 자식을 재능 많은 아이로 키우기 위해 독서가 필요하다고 생각합니다. 원래부터 책을 좋아해서 가만히 두어도 책을 찾아 읽는 아이가 있는가 하면, 남자아이들은 몸을 움직이기를 좋아해 책을 전혀 읽지 않는 아이도 적지 않지요. 그런 남자아이에게 권하고 싶은 책이 있습니다. 바로 모험소설, 위인전, 르포입니다. 여기서 르포란 꼼꼼한 조사를 거쳐 어떤 사건이나 사회 문제에 얽힌 다양한 사실을 객관적으로 서술하는 문학 형식으로, 보

고문학이나 기록문학이라고도 부릅니다.

훈육기는 뇌의 신경섬유망이 급격하게 늘어나는 시기로 두뇌, 운동신경, 예술, 의사소통, 전략적 사고 등 다양한 감각을 단련하는 때입니다. 이 시기 남자아이들은 학교나 학원 같은 일상생활만으로는 자극이 충분하지 않지요. 따라서 모험 소설이나 위인전, 르포 같은 책을 읽으면서 간접적으로 많은 경험을 하면 뇌에 더 많은 자극을 줄 수 있습니다.

동서고금을 막론하고 남자아이는 영웅을 좋아한다

실제로 남자아이들은 우주 전쟁이나 모험, 위인 이야기를 좋아합니다. 특히 〈해리포터〉 시리즈나 영화 〈어벤져스〉처럼 화려한 전투 장면이 가득한 이야기를 선호하지요. 에너지 넘치는 액션은 물론, 갖은 시련에 맞서는 모험 이야기에 흠뻑 빠져듭니다.

사실 남자아이들이 자신을 등장인물에 비추어보며 공감하고 몰입하는 이야기에는 정해진 틀이 있습니다. 이것을 '영웅의 여정 Hero's Journey'이라고 부릅니다.

영웅의 여정이라는 서사 구조에는 기본적으로 이런 흐름이 있습니다.

주인공은 불행한 환경 속에서 힘이 약한 탓에 괴롭힘을 당한다. 하지만 우연한 계기로 '선택받은 자'가 되어 모험에 나선다. 그리고 운명을 바꿔줄 스승 또는 벗을 만나 온갖 역경을 이겨 내며 성장한다. 가까스로 목표를 달성한 주인공은 영웅이 되어 영광을 손에 쥐고 고향으로 돌아간다.

신화학자 조지프 캠벨Joseph Campbell은 동서고금의 신화와 민간설화가 모두 이런 흐름을 따른다고 말합니다. 실제로 모험소설은 그렇게 전개되는 경우가 많지요. 예를 들어 영화 〈스타워즈〉는 외딴 행성에서 자란 고아 소년이 여정을 떠나 제다이가 되고 악의 군단을 물리친다는 이야기입니다. 유명한 만화 《드래곤볼》은 꼬리가 있는 한 소년이 산을 떠나 여행하며 수련을 거쳐서 강력한 적들을 쓰러트린다는 이야기이지요. 남자아이들이 몰입하는 이야기는 하나같이 '처음에는 약했던 주인공이 결국 막강한 적을 물리친다'는 유형이며, 하나의 규칙처럼 지켜지고 있습니다.

아이들은 책을 읽으면서 자신도 이런 삶을 살고 싶다는 꿈을 품습니다. 책 읽는 아이들은 날마다 모험소설이나 위인전의 주인공이 되어 영웅이 되고 싶다는 꿈을 이루고 있는 셈이지요.

아들도 공부를 즐기게 하는 남다른 비법

훈육기 육아 비결 ②

학력 저하의 악순환에 빠지지 않는 공부 규칙 만들기

8~13세 사이의 남자아이는 부모님이나 선생님을 실망시켜도 아무렇지 않게 생각합니다. 숙제가 있어도 관심이 없으면 도무지 할 마음이 들지 않고요.

장래에 훌륭한 사람이 되려면 공부해야 한다고 말해보았자, 이 시기 아이들은 대부분 아직 무엇이 되고 싶다는 명확한 목표가 없습니다. 그래서 장래 희망도 학습의 동기가 되지 않습니다. 게다가 남자아이는 자신의 학습 능력을 필요 이상으로 높이 평가하는 경향도 있습니다. 이 만만치 않은 시기에 공부와 친해지려면 자율성을 기대하기보다는 공부 규칙을 만들고 실천하게 하는 편이 좋습니다. 규칙을 정하면 '공부를 안 한다→모르는 부분이 많아진다→점점 싫어진다→공부를 점점 더 안 한다→더 모르는 부분이 많아진다→수업을 따라 가지 못한다→공부에 등을 돌린다→완전히 모르게 된다' 같 은 악순환을 끊을 수 있습니다.

게임처럼 재미있는 요소를 넣어주자

훈육기에는 하루 공부 시간과 학습량 등을 정해두고 지키 게 하면 큰 효과를 거둘 수 있습니다. 거실에서 부모와 함께 공부하는 시간을 마련해서 부모가 직접 지도하고 지켜보는 것이 비결이지요.

남자아이는 논리적, 합리적, 효율적으로 사물을 체계화하 는 데 뛰어나므로 이 능력을 공부에도 활용하면 더욱 좋습니 다. 앞에서 이야기한 '영웅의 여정'을 활용한 공부법이 있습 니다. 공부는 무찔러야 할 적, 그중 가장 어렵고 풀기 힘든 문 제는 마지막 적인 최종 보스로 삼는 것이지요. "주인공은 너야! 엄마, 아빠랑 같이 적을 해치우자!" 마치 게임을 하듯이 공부에 몰입해봅시다. 실제로 명문대에 다니는 많은 학생이 '공부는 게임'이라고 말합니다.

처음에는 약했던 주인공이 결국 막강한 적을 물리치는 영웅의 여정을 공부에 적용시키는 겁니다. 결국 공부도 즐기는 사람이 승리하는 법이니까요.

먼저 아이와 함께 작전을 세우자

여름방학 숙제를 예로 들어볼까요?

먼저 해야 할 과제들을 모두 메모지에 적어서 어떤 순서로 해야 가장 합리적일지, 뭐부터 시작해야 할지, 어떤 숙제가 가장 오래 걸릴지 아이와 함께 의논합니다. 이때 부모는 아이가 과제를 잘 정리할 수 있도록 이끌어주어야 하고요. 말하자면 '작전 회의'입니다. 호기심이 발동한 아들은 기꺼이 작전 회의에 참여할 겁니다.

글짓기, 수학 문제 풀기, 과학 실험 등 숙제를 메모지에 모두 적고 어떤 과목부터 시작해야 가장 매끄러울지, 어떤 순서로 하고 싶은지, 가장 힘들고 시간이 많이 드는 숙제는 무엇인지 메모지를 이리저리 옮겨가면서 함께 작전을 세워보세요.

'숙제 빨리 끝내기 대작전!' 같은 그럴싸한 작전명까지 붙이면 아이의 의욕도 더욱 높여줄 수 있습니다.

포인트 제도를 만들어 공부와 기쁨을 세트로

"수학 문제 세 쪽 풀면 5포인트!"

이렇게 포인트 제도를 만들고 어려운 과제일수록 포인트를 높게 책정해서 목표 달성을 도와줄 수도 있습니다.

이때 목표 포인트를 채우면 보상을 주는 것도 좋습니다. '게임 시간 30분 연장하기'나 '초콜릿 세 개 먹기' 같은 보상으로 충분하지요. 그리고 예정대로 방학 숙제가 끝나면 작은 기념 파티도 열어보세요. 아이에게 성취감과 즐거운 추억을 안겨줄 수 있습니다.

아들이 공부와 친해지기를 바란다면 이처럼 공부와 기쁨을 세트로 만들어서 공부를 하면 즐거움이 뒤따른다고 각인시켜주는 방법이 효과적입니다.

PART 3
10

아들은 영웅의 얼굴을
바라보며 성장한다

훈육기 육아 비결 ③

아빠는 아들의 가장 친근한 영웅

영웅을 좋아하고 본받고 싶어 하는 남자아이들의 특성은
아이를 가르치는 데도 활용할 수 있습니다. 부모님이 아무리
말해도 운동 습관을 기르지 못했던 아이일지라도 좋아하는
운동선수가 생기면 매일매일 스스로 운동하기 시작합니다.

이렇게 본보기가 되는 영웅, 닮고 싶은 사람을 '롤 모델'이
라고 합니다. 훈육기 남자아이에게는 이런 롤 모델이 반드시
필요합니다.

아이에게 가장 좋은 롤 모델은 바로 아빠입니다. 실제로

1200명을 대상으로 한 온라인 설문 조사에서 남자아이들이 가장 본받고 싶은 인물로 꼽은 사람은 '아버지', '어머니', '친구', '스포츠 선수', '유튜버' 순이었습니다. 아버지는 아들에게 가장 가까운 롤 모델인 셈이지요.

그러니 패션이나 걸음걸이부터 취미와 일까지, 아이가 멋있다고 생각할 만한 모습을 적극적으로 보여주세요. 여름방학에 아들과 둘이서 여행을 떠나거나, 아빠가 일하는 모습을 보여주는 것도 좋습니다.

때로는 아빠의 경험담도 들려주세요. 아빠도 어린 시절에는 고민이 있었지만 이렇게 이겨내고 멋진 어른이 되었다고 알려주면 아이도 어른이 되어가는 과정을 기대하게 됩니다.

칭찬할 때는 본인이 노력해서 얻은 결실을 칭찬하자

영웅이란 고난을 이겨내고 목표를 이루어 영광을 손에 쥐는 존재입니다. 훈육기 남자아이에게는 이처럼 자기 자신이 직접 노력해서 얻은 성과를 칭찬해주어야 합니다. 뭐가 되었든 많이 칭찬해주어야 했던 애정기와는 다릅니다.

승부에서 승리를 거두는 경험, 다른 사람에게 인정받는 경험은 아들의 자존감을 키워줍니다. 남자아이가 자신감을 기르는 데 있어 아주 중요한 과정이지요. 따라서 훈육기 남자아이를 칭찬할 때는 방 청소처럼 어른에게 편리하고 바람직하게 느껴지는 부분보다는, 시험 점수가 오르거나 달리기 시합에서 좋은 순위를 차지하는 것과 같이 아이가 자신의 노력이나 재능으로 얻은 성과를 높이 평가해야 합니다.

적당한 게임은 에너지 발산에 도움이 된다

초등학교 고학년이 되면 남성호르몬인 테스토스테론의 분비가 점점 늘어나 경쟁과 다툼을 더 선호하게 됩니다. 싸우고 싶어 어쩔 줄 모르는 이 시기에 아이의 행동을 지나치게 억누르면 애써 만든 에너지가 문제 행동이나 따돌림 같은 잘못된 방향으로 이어지기 쉽습니다.

이를 방지하려면 에너지 발산을 위한 적절한 방법이 필요한데, 이럴 때도 영웅이 된 기분을 느낄 수 있는 방식이 효과적이지요. 밖에서 놀기 좋아하는 아이라면 다양한 스포츠

를 경험하게 해주고, 안에서 놀기를 좋아하는 아이라면 게임
에서 승리를 거두며 에너지를 마음껏 발산하게 해주면 좋습
니다.

게임을 부정적으로 생각하는 사람도 많지만, 반드시 나쁜
면만 있는 것은 아닙니다. 'e스포츠'는 이미 잘 알려져 있지
요. 컴퓨터게임이나 콘솔게임 등을 이용해 승부를 겨루는 스
포츠로, 한국은 물론 미국과 중국 등에서 크게 발전했습니다.

게임을 통해 다가올 시대에 필요한 IT 지식을 얻는다면
환영할 만한 일입니다. 물론 게임에 빠져 다른 일에 소홀해서
는 안 되겠지만, 이로운 점도 많으니 부정적으로만 생각할 필
요는 없겠지요.

사춘기 아이의 반항에
부모는 어떻게 대처하면 좋을까?

관망기 육아 비결 ①

사춘기는 자신도 어찌해야 할지 모르는 시기

아들은 대부분 애정기부터 훈육기까지 부모와 딱 붙어 지냅니다. 그러다 14세부터는 사춘기이자 관망기에 접어들면서 말수가 줄고 부모 앞에서 입을 다물게 됩니다. 그렇게나 가까웠던 아들이 어느 날 갑자기 거리를 두기 시작하니 부모는 놀라기도 하고 쓸쓸한 기분이 들기도 하지요.

아이가 변하는 이유는 성장 과정에서 남성호르몬인 테스토스테론이 수십 배 증가하고(15세에 최대치로 증가) 공격성이 높아지기 때문입니다. 예전처럼 엄마에게 응석을 부리고 싶지만 그럴 수가 없어서 본인이 가장 어리둥절하고 스스로도 어찌해야 할지 모르는 상태이지요. 부모님이 뭐라고 질문을 해도 "아닌데.", "몰라!"라는 대답만 튀어나옵니다.

아들의 거친 태도에 부모는 화가 나고 슬프기도 합니다. 하지만 이성적으로 대처하며 심리적으로 적당한 거리를 두기 위해 노력해야 할 때입니다.

대답하지 않아도 계속 말을 걸자

아들에게 사춘기가 오면 아빠의 역할이 더욱 중요해집니다. 객관적인 관점에서 남자로서 갖추어야 할 매너와 규칙을 자세히 알려줄 타이밍이니까요. 혹시 아이가 들으려 하지 않고 반발해서 다투게 되더라도, 일방적인 대화가 되더라도 좋으니 관심을 완전히 거두어서는 안 됩니다. 관심을 가지고 있다는 사실 자체가 중요합니다.

엄마에게는 더더욱 아이를 대하기 힘든 시기이지요. 이 시기는 '짜증 나니까 건드리지 마!'가 기본 상태이니 일일이 화내지 말고 흘려 넘겨야 합니다. 밥 먹어, 욕실 비었어, 빨래

내놓으렴. 비록 대답은 없더라도 별것 아닌 말들을 끊임없이 걸어주세요. 언제나 너를 신경 쓰고 있다는 마음을 전하고 한 발 물러나서 지켜봐야 합니다.

만약 중요한 이야기가 있을 때는 함께 외식을 하는 것도 좋습니다. 아들이 좋아하는 식당에 데려가서 맛있는 밥을 먹으며 이야기해보세요. 사람은 맛있는 음식을 먹으면 뇌에서 행복 호르몬인 세로토닌이 분비되어 편안한 상태가 되고 마음의 문이 느슨해집니다. 그럴 때 아들에게 하고 싶은 말이나 부탁하고 싶은 일을 매끄럽게 전하는 것도 하나의 노하우입니다. 부모에게는 긍정적인 태도가 가장 중요합니다. 지나치게 간섭하지 않고 언젠가 나아진다고 생각하며 밝은 기분으로 생활하다 보면 이 힘든 시기도 수월하게 극복할 수 있습니다.

우리 아이는 반항기가 없으니 다행이다?

반항기는 자아정체성 확립을 위해 필요한 과정이지만 반항기가 찾아오지 않는 아이도 있습니다. 예를 들면 엄마가 심리적으로 불안정해서 엄마에게 걱정을 끼쳐서는 안 되며 자신이 지켜줘야 한다고 생각하기 때문이지요.

아빠가 집안일에 전혀 관여하지 않고 부모의 사이가 원만하지 않으며, 부모가 그런 상태를 직시하지 않는 경우가 대부분입니다. 그러면 엄마는 아이에게 의지하고 기대게 됩니다.

결혼하고 15년 정도가 지나 아이가 사춘기에 접어들면, 부부는 서로에 대한 만족도가 낮아지고, 심리적 거리도 먼 시기를 맞이합니다. 혹시 여러분도 부부간에 대화를 거의 하지 않고 서로의 존재를 공기처럼 여기고 있지는 않나요? 아들에게만 신경 쓰고 서로의 존재를 무시하거나 깔보아서는 안 됩니다. 아이는 생각보다 부모를 정확하게 꿰뚫어 보기 때문이지요. 그리고 그런 부모의 모습이 자연히 아이에게 본보기가 됩니다.

가족심리학에 관한 연구 중 부모가 아들에게 사이좋은 모습을 보여주자 문제 행동이 개선되었다는 실험 결과가 있습니다. 사춘기 아이의 올바른 발달을 위해서는 부모가 하나의 팀처럼 긴밀하게 연결되어 있는 모습을 보여주는 것이 매우 중요합니다. 그래야 비로소 아이가 안심하고 성장할 수 있습니다.

PART 3

12

아이가 중이병에 걸리면
어떻게 해야 할까?

관망기 육아 비결 ②

민감한 시기에는 지나치게 간섭하지 않는 것도 애정이다

사춘기에 해당하는 14~19세까지는 엄마 품에서 벗어나 남자들의 무리 사회에 들어갈 준비를 하는 단계입니다. 지금까지는 엄마의 보호 아래에서 생활했지만, 이제는 둥지에서 나와 날개를 펼치려고 힘쓰지요. 또한 여성에게 관심이 많아지고 사랑에 빠질 준비도 시작합니다.

이 민감한 시기에 부모가 서슴없이 경계선을 넘어 아이에게 간섭하면 좋지 않습니다. 사춘기 남자아이는 시도 때도 없이 짜증이 나고, 부모님이 성가시게 느껴지기도 하고, 여자에

124

4~7세 아이 육아가 편하고 즐거워진다

게 관심을 얻고 싶고, 머릿속이 야한 생각으로 가득해서 어쩔 줄 모르니까요.

남자아이는 넘어져야 비로소 배운다

사춘기는 자신의 힘을 시험하고 싶어서 몸이 근질근질한 시기이기도 합니다.

하와이로 수학여행을 떠난 한 남자 고등학교 학생들의 이야기를 살펴볼까요?

하와이에 가면 관광객 어깨에 앵무새를 앉히고 사진을 찍어준 다음 비싼 요금을 요구하는 장사꾼을 쉽게 만날 수 있다. 이 이야기를 들은 일부 학생들은 장사꾼의 수법에 일부러 걸려보고 싶다는 생각이 들었다. 자신의 영어 실력으로 그 상황을 벗어날 수 있을지 시험해보고 싶었기 때문이다. 그리고 용감하게 뛰어든 결과, 학생들은 보기 좋게 바가지를 쓰고 말았다.

스스로 걸려들다니 바보 같다고 생각할지도 모릅니다. 하지만 아이들은 이런 경험을 통해서도 생각보다 많은 것을 배웁니다. 실제로 이런 일은 이른바 명문이라 불리는 학교일수록 자주 일어난다는 사실을 아실까요? 일부러 풀 수 없는 문제에 도전하고, 바보 같은 짓을 해서 실패하고, 이런 저런 경험을 하며 많은 것을 배워 믿음직한 남자로 성장해갑니다. 남자아이는 넘어져야 비로소 배운다는 사실을 반드시 기억해둡시다.

중이병은 사춘기에 나타나는 일시적인 현상

'중이병(중2병)'이라는 말을 들어보셨을까요? 중학교 2학년 무렵 사춘기 아이들의 허황된 말과 행동을 비꼬는 표현입니다. 사춘기에 자주 보이는 자기애로 가득한 생각이나 독특한 취향 등을 놀리는 용어이지요. 이 시기 아이들은 사람들이 이해하기 힘든 행동을 많이 합니다. 중이병에는 크게 세 가지 유형이 있다고 이야기합니다.

불량형 : 불량한 사람을 동경한다	깡패 같은 옷차림을 한다
	의욕 없는 듯이 건들건들 걷는다
	음주나 흡연 같은 비행을 저지른다
	강압적인 말투로 주변 사람들을 위협한다
허세형 : 자신은 타인과 다르다고 생각한다	쓰지만 꾹 참고 블랙커피를 마신다
	잘 모르는 팝송을 듣고 설명을 늘어놓는다
	아무도 모르는 개그맨을 혼자 응원한다
	정치나 경제 이야기를 하고 싶어 한다
불가사의형 : 망상과 현실이 뒤섞인다	만화나 애니메이션 대사를 자주 쓴다
	자신이 다른 세상 사람이라고 설정한다
	직접 스토리를 만들고 그대로 실행한다
	자신에게 초능력이 있다고 상상한다

얼핏 보면 걱정스러운 행동이 많아 보이지만 어디까지나 아이들의 소망에 지나지 않습니다. 말은 그럴듯하게 하지만 행동은 전혀 다른 경우가 대부분이고요. 그러니 지나치게 걱정하지 말고 사춘기의 일시적인 행동으로 받아들여 주세요.

나아가 아이가 좋아하는 분야에 관심을 가져보면 어떨까요? 자기가 좋아하는 일을 부모님도 좋아해주면 아이는 큰 기쁨을 느낍니다.

다만 아이의 행동이 지나치다는 생각이 든다면 잘못된 길로 접어들지 않도록 슬며시 손을 내밀어줍시다. 불량형에 해당한다면 특히 주의가 필요합니다.

아들의 연애를 바라보는
엄마의 바람직한 자세

관망기 육아 비결 ③

때로는 보고도 못 본 척하자

사춘기가 되면 남자아이들은 대부분 여자아이와 함께 있기만 해도 긴장합니다. 그러면서도 머릿속은 온통 선정적인 생각으로 가득해서 고뇌에 빠지지요.

엄마 입장에서는 혼란스러운 마음이 들겠지만, 누구보다 아이 본인이 가장 고민하고 그런 자신을 누구에게도 알리고 싶어 하지 않습니다. 그러므로 지나치게 간섭하지 않는 것이 중요합니다. 이 시기 아들 방에 들어갈 때는 무얼 목격하더라도 자연스럽게 반응하고 보고도 못 본 척해야 합니다.

아들에게 여자 친구가 생겼을 때 엄마가 해줘야 할 말

하지만 아들에게 여자 친구가 생기면 엄마가 나설 차례입니다. 사춘기는 성에 관심이 많은 시기이기 때문에 사랑보다 성을 우선하는 경우가 많습니다. 여자 친구를 좋아하는 마음보다는 단순히 욕망을 채우고 싶다는 마음에 섹스를 원하게 되는 경향이 강합니다. 고등학생 정도가 되면 두 사람의 관계가 섹스까지 이어지기도 하고요. 그럴 때 두려움을 느낀 여자아이가 상대방에게 싫다고 말하기란 생각보다 쉽지 않습니다.

그러니 여자 친구의 몸과 마음에 상처를 입히거나 원치 않는 임신 등의 문제를 피하기 위해서 엄마가 아들에게 알려주어야 합니다. 여성을 소중히 대하는 방법을 말이지요. 여자 친구가 싫어하는 행동은 하지 말아야 하며, 여자 친구가 솔직하게 털어놓을 수 있는 남자야말로 멋진 남자라고 정확하게 짚어주세요. 엄마이기 이전에 여성으로서 하는 중요한 말이므로 아이도 납득할 수 있습니다.

물론 관계를 가질 때는 콘돔이 필수라는 점도 꼭 알려주어야 합니다. 가능하다면 아이가 콘돔을 스스로 구매해보는 것도 좋습니다. 결코 경솔하게 해도 되는 행위가 아님을 스

아이와 엄마가 함께 크는 사춘기

4~7학년

스로 느낄 수 있으니까요. 그러면 자신의 몸도 상대방의 몸도 소중히 여길 줄 아는 멋진 남자에 한발 더 다가갈 수 있습니다.

타인의 외모를 조롱하는 말은 단호하게 바로잡자

아들이 여성을 대하는 올바른 가치관을 확립하려면 어릴 때부터 여자아이의 외모나 몸매를 비난해서는 안 된다고 가르쳐주어야 합니다.

여성 중에는 남성에게 외모를 비하하는 심한 말을 듣고 트라우마가 생겨서 어른이 되어서도 괴로워하는 사람이 많습니다. 그런 비극을 없애려면 주변에 있는 여자아이, 누나나 여동생, 엄마에게 외모를 조롱하는 못된 말을 하면 엄한 태도로 잘못을 짚어주어야 합니다. 가정에서부터 함께 노력하면 여성에 대한 폭언을 뿌리 뽑을 수 있습니다.

여자아이 키울 때

알아야 할 것들

PART 4
01

딸은 정말
키우기 쉬울까?

여자아이는 어른 흉내를 잘 낸다

딸은 엄마와 성이 같으니 아들보다 키우기가 쉬울까요?
아들 육아의 키워드가 '체력'이라면, 딸 육아의 키워드는 바
로 '정신'입니다.

여자아이는 말을 잘하는 아이가 많고 감정 표현도 풍부해
서 자신의 감정을 명확하게 나타냅니다. 그래서 어떤 사람은
여자아이가 당돌하다고 생각하기도 합니다. 하지만 당돌하
게 느껴지는 그 말도 사실은 어딘가에서 들어보았기 때문에
쓸 수 있기 마련입니다. 즉, 어른의 말을 그대로 흉내 냈다는

PART 4 | 여자아이 키울 때 알아야 할 것들

135

뜻이지요. 만약 딸의 말투가 왠지 신경 쓰인다면 부모가 아이에게 하는 말은 물론이고 주변 어른들의 말을 되짚어 볼 필요가 있습니다.

살다 보면 의도치 않게 아이 앞에서 부부 싸움을 하게 될 때도 있지요. 그럴 때 서로 윽박지르거나 폭언을 내뱉거나 깔보지 않았는지 생각해봅시다. 어떤 때든 아이는 부모의 말을 그대로 흡수하니까요.

딸과 자신을 동일시하지 말자

한때 딸과 같은 어린 시절을 보낸 엄마이기에 더욱 주의해야 할 일이 있습니다. '내가 저만할 때는 더 예의 바르게 행동했는데', '반찬 투정은 꿈도 못 꿨는데' 하고 무심코 자신과 비교하는 일입니다. 또 하나는 내가 이렇게 생각하니 딸도 당연히 그렇게 생각하리라고 자신의 감정을 아이에게 투영하는 일입니다.

엄마는 딸과 자신을 동일시하지 않도록 주의해야 합니다. 딸과 자신은 다른 인격이고 다른 가치관을 지녔으며 다른 인생을 살아가는 존재라고 생각해야 하지요. 하나의 인간으로 존중하고 적당한 거리감을 유지하는 것이 좋습니다.

PART 4
02

딸 키울 때
주의해야 할 점

큰소리 금지! 아이에게 부드럽고 차분하게 말하자

아빠나 성인 남성이 특히 주의해야 할 점이 있습니다.

성인 여성도 마찬가지이지만 여자아이는 시끄러운 소리나 큰 목소리를 불편해하기 때문에 필요 이상으로 큰 소리를 내지 않도록 주의해야 합니다. 특히 아이를 야단치다 보면 감정이 격해져서 자기도 모르게 목소리가 커지고 말투도 난폭해지기 쉽지요. 그러면 여자아이는 두려움을 느껴 상대방의 존재를 마음속에서 몰아내고 자기 자신을 지키려 합니다. '이 사람은 나에게 위해를 끼치는 존재'라고 인식하고 '싫어하는 사람'으로 분류해서 마음의 문을 닫아버리지요. 그런 일을 피하려면 큰소리와 난폭한 말을 멀리해야 합니다.

딸과 대화할 때는 부드러운 표현과 차분한 말투로 이야기해보세요. 아이는 쉽게 귀를 기울이고 대화의 뜻도 또렷하게 이해합니다.

여자아이의 육아 키워드는 공감과 수용

딸을 키울 때 가장 걱정하게 되는 부분은 바로 '인간관계' 입니다. 딸과 친구들의 관계는 어린이집과 유치원에 다닐 때부터 주된 고민거리가 되지요. 엄마, 아빠가 직접 개입해서 해결하기는 어려우므로 아이가 인간관계 때문에 상처 입었을 때 어떻게 대처하면 좋을지 알아두어야 합니다.

여기서 핵심은 '공감'과 '수용'입니다. 엄마는 내 마음을 알아준다, 아빠는 내가 어떤 사람이든 모두 받아들여 준다. 이런 공감과 수용이 뒷받침되면 딸은 안심하고 마음을 엽니다.

딸에게는 인생에서 자신의 마음을 알아주고 자신을 있는 그대로 받아들여 주는 사람이 곁에 있다는 사실이 무엇보다 중요합니다. 그 사람이 곧 부모라면 더 좋은 일은 없겠지요.

어려운 일이 있을 때, 속상한 일이 있을 때, 웃는 얼굴로 괜찮다며 안아주고 함께 해결책을 찾아주세요. 그러면 딸은 마음속 불안을 부모님이 이해해 주었다는 사실에 안도합니다. 그리고 그 마음의 평온을 지지대 삼아 스스로 극복할 용기를 얻습니다.

이렇게 부모나 어른의 공감과 수용이라는 애정을 듬뿍 받고 자란 아이는 자존감이 높고 의사소통에 능숙해서 좋은 인간관계를 쌓을 수 있습니다.

PART 4

03

여자아이는 왜
공주님을 좋아할까?

애정기 육아 비결 ①

여자아이의 그림은 정적이고 따뜻하다

여자아이들은 공주님을 아주 좋아합니다. 남자아이가 꼬마 기관차 토마스에 흠뻑 빠져 있을 때, 여자아이는 디즈니 프린세스에 마음을 빼앗기지요. 아빠가 보기에는 대체 어디가 좋은지 이해하기 힘들고, 엄마도 마음은 알지만 왜냐고 물으면 똑 부러지게 설명하기는 어렵습니다. 딸이 공주를 좋아하는 이유도 눈의 구조로 설명할 수 있습니다.

앞서 이야기했듯이 눈의 신경절 세포에는 M세포(대세포)와 P세포(소세포)가 있습니다. M세포는 움직임과 방향 정보를 파악하고 P세포는 색과 질감 정보를 수집합니다.

P세포를 많이 가지고 있는 여자아이는 자연히 색과 질감을 잘 감지하고, 물체가 무슨 색이고 정체가 무엇인지에 관심을 갖습니다. 그래서 여자아이가 그림을 그리면 정적인 표현이 많이 보이지요. 이를테면 인물, 동물, 꽃 등이 정면을 향한 채 정지되어 있는 듯한 모습을 많이 그립니다. 또한 여자아이는 빨강, 노랑, 주황, 분홍처럼 따뜻한 색을 좋아합니다. 보드랍고 사랑스러운 느낌이 드는 색이라고 할까요?

따라서 '예쁜 드레스를 입은 공주님'은 여자아이가 좋아하는 요소들을 많이 가지고 있는 셈입니다. 생각해보니 저도 어릴 적에는 사람이나 동물이 정면을 보고 있는 모습을 알록달록한 색으로 그리곤 했습니다. 반면 옆에 있던 짝꿍 남자아이는 어두운색 색연필을 들고 "뿡뿡! 쾅쾅!" 소리를 내며 생동감 넘치는 그림을 그렸던 기억이 납니다.

내 생각과 다르다고 아이를 무시하지 말자

아들 육아 이야기를 할 때도 언급했듯이, 반드시 모든 아이가 그런 것은 아니라는 사실을 명심해야 합니다. 검은색, 파란색, 금속 느낌이 나는 색처럼 차가운 색을 좋아하는 여자아이도 물론 있습니다.

엄마는 여성이고 어린이집이나 유치원 선생님도 대부분 여성이 많다 보니, 아이가 그림을 그렸을 때 무심코 여성의 감각으로 평가하기 쉽습니다. 하지만 어떤 색을 즐겨 쓰든 아이의 '개성'으로 받아들여야 합니다.

자신이 과거에 그린 그림이나 다른 친구들이 그린 그림과 비교하면서 '좀 밝은색을 써야 하지 않을까?' 하고 무심코 자신의 감각으로 판단하지 말아주세요. 아이에게 큰 스트레스를 줄 수 있습니다.

말괄량이 우리 아이,
이대로 괜찮을까?

애정기 육아 비결 ②

딸이라는 이유로 지나치게 걱정할 필요는 없다

여자아이는 어릴 때부터 얌전하고 소극적인 경우가 많습니다. 위험을 반기는 남자아이와 달리 여자아이는 위험을 두려워하는 특성이 있기 때문입니다. 하지만 여자아이들 중에는 남자아이 못지않게 활발하고 적극적인 아이도 있습니다.

그런 아이를 보면 부모는 '이렇게 덜렁대도 괜찮은 건가?', '여자애니까 위험한 일은 못 하게 해야 되는데' 하고 걱정할지도 모릅니다. 그러나 그럴 필요는 전혀 없습니다.

물론 남자아이와 마찬가지로 크게 다치지 않도록 주의를

기울여야 하지만, 그렇지 않은 경우라면 아이가 하고 싶어 하는 일에 도전할 수 있게 손을 내밀어주세요.

딸의 성장을 적극적으로 돕자

실제로 많은 여자아이가 아이를 과보호하는 환경에 놓여 있습니다. 하지만 여자아이는 남자아이와 달리 쉽게 자신감을 가지지 못하고 자신을 과소평가하는 면이 있기 때문에 오히려 위험을 감수하고 새로운 일에 뛰어들도록 등을 밀어주는 편이 좋습니다. 혹시 '여자아이니까', '여자아이인데' 하면서 싹을 자르고 있지는 않은지 한번 생각해봅시다.

딸이 모험을 원하고 새로운 일에 도전하고 싶어 한다면 기꺼이 길을 열어줍시다. 어릴 때부터 산으로 바다로 떠나 자연 속에서 몸을 움직이며 놀게 해주고, 하려던 일에 실패해서 슬퍼하더라도 다시 도전할 수 있도록 응원하고 쉽게 도망치지 않도록 격려해주어야 합니다.

어른이 되면 여성은 자기 힘으로 지혜를 기르고 재능을 갈고닦아 자존감을 높일 수 있습니다. 하지만 아직 도움이 필요한 지금은 부모가 딸의 길잡이가 되어주어야 합니다.

장애물을 조금씩 높여 내면의 용기를 키워주자

다만 자기 키에 맞지 않는 일에 도전했다가 좌절하면, 실패할까 봐 두려운 마음에 시도 자체를 포기하는 아이도 있다는 점에 주의해야 합니다. 그러니 처음에는 아이가 할 수 있다고 생각하는 범위에서부터 시작해보면 어떨까요? 장애물을 점점 높여가며 경험치를 쌓으면 능력을 더 높이 끌어올릴 수 있습니다.

만약 실패하면 일으켜 세워주고 "다시 해볼까? 너라면 할 수 있어. 엄마랑 아빠는 널 응원해." 하고 어깨를 두드려주세요. 아이가 원하지 않는 일은 억지로 시켜서는 안 되겠지만, 아이가 스스로 원한 일이라면 목표를 끝까지 달성할 수 있도록 힘을 북돋아 줍시다. 이런 노력이 다음 도전의 원동력이 됩니다.

부모가 바라는 일과 아이가 원하는 일은 다릅니다. 마음 편한 환경에서 작은 보폭으로 원하는 일에 조금씩 도전하면 자신도 할 수 있다는 믿음과 성공 경험을 쌓을 수 있습니다.

이렇게 작은 시련들을 계속 뛰어넘다 보면 아이의 마음속에 용기와 자신감이 쑥쑥 자라납니다.

PART 4
05

딸이 한 뼘 더 자라는
최고의 대화법

애정기 육아 비결 ③

여자아이는 말하며 성장한다

애정기에 해당하는 1~7세까지의 여자아이는 대부분 세살 정도가 되면 말하는 행위에서 즐거움을 느끼기 시작합니다. 말수가 조금씩 많아지고, 단어를 하나하나 꺼내놓다가, 점점 대화를 주고받을 수 있게 됩니다. 그리고 이 시기부터 말을 통해 감정을 조절하기도 합니다.

말수가 많아졌다는 것은 다시 말해 기억력도 자랐다는 뜻이니 아이에게 전보다 더 다양한 질문을 던져보는 것도 좋습니다. 예를 들어 아이가 "엄마, 일?" 하고 물으면 "엄마는 무슨 일을 할까요?"라고 질문해보세요. 아이가 키보드 두드리는 흉내를 내면서 "타닥타닥해."라고 대답하면 "맞았어! 컴퓨터로 일하고 있지." 하고 대화를 이리저리 이어가며 생각의 범위를 넓힐 수 있습니다.

딸을 성장하게 하는 대화의 세 가지 포인트

여자아이는 말하며 성장하므로 이 시기에 아이와 어떤 대화를 나누느냐가 매우 중요합니다. 그래서 이번에는 딸을 한 뼘 더 자라게 하는 대화의 세 가지 포인트를 소개합니다.

① 아이의 말을 잘 들어주자

딸의 말을 잘 들어주자고 해서 한시도 빼놓지 않고 아이 말에 귀 기울여야 한다는 뜻은 아닙니다. '엄마, 아빠는 내 말을 들어주는 사람'이라는 믿음을 확고하게 만드는 것이 핵심입니다. "엄마, 엄마, 있잖아."로 시작되는 아이의 말을 중간에 끊지 말고 끝까지 들어주세요.

말하는 도중에는 맞장구를 치거나 "그래서 우리 딸이 속상했구나."처럼 아이의 말을 그대로 반복하기만 해도 충분합니다. 이렇게만 해도 딸과 공감하며 소통할 수 있는 기반이 완성됩니다.

② 아이는 부모의 거울임을 명심하자

아이는 대부분 부모가 하는 말을 거울처럼 그대로 따라합니다. 부모가 평소 비판적인 태도를 취하거나 난폭한 말을 쓰면 아이도 그 모습을 따라가지요.

아이의 말이 유독 거칠다는 생각이 든다면 부모가 평소 자신의 모습을 되돌아보고 말과 행동을 먼저 바꾸어야 합니다.

③ 야단친 후에는 아이의 기분을 살피자

여자아이는 야단맞고 나면 속상한 마음을 쉬이 털어내지 못하고 기분을 전환하는 데도 시간이 걸립니다. 생각보다 더 오랫동안 끙끙대며 속앓이하는 경우도 많고요.

만약 아이가 너무 오래 침울해한다면 "야단맞아서 아직도 속상해?" 하고 말을 걸고, 아이에게 부모님의 기분과 혼내야 했던 이유 등을 차근차근 이야기해주세요. 엄마, 아빠는 항상 너의 편이라는 마음을 보여주면 아이도 안심합니다.

곧 찾아올 일춘기, 싫다는 말 이외에 다른 표현도 알려주자

말문이 터지고 얼마 지나지 않아 부모를 두려움에 떨게 하는 이른바 '일춘기(제1반항기)'가 찾아옵니다.

자아의식이 강해져서 부모 말을 잘 듣지 않고 뭐든 싫다며 떼를 쓰는 시기이지요. 이것도 저것도 다 싫다는 아이 때문에 부모는 넌더리가 날 지경이지만, 아이는 계속해서 "싫어!"라는 한마디로 자기주장을 합니다. 그럴 때 무작정 안 된다고 윽박지르면 아이는 부모가 자신의 마음을 알아주지 않는다는 불안과 초조함 때문에 싫다는 말만 반복하게 됩니다.

이런 악순환에 빠지지 않도록 아이가 말을 잘하는 이 시기에 싫다는 말 대신 다양한 표현을 알려줍시다. 기분을 더 다양한 말로 표현할 줄 알게 되면 아이도 부모도 일춘기를 좀 더 편안하게 넘길 수 있습니다.

딸도 공부를
즐기게 하는 남다른 비법

훈육기 육아 비결 ①

여자아이는 성장이 빨라 뭐든 먼저 배운다

8~13세에 해당하는 훈육기에는 여자아이들이 어떤 면에서든 빠르게 꽃을 피우기 때문에 선행 학습에 유리합니다. 성장이 빠르고 체력, 의사소통, 사회성, 정신, 학습 등 대부분의 면에서 남자아이보다 뛰어납니다.

초등학교에서 공부하는 동안에는 여자아이가 우위에 서는 상황이 계속 이어집니다. 여자아이가 마치 누나처럼 남자아이를 이끄는 모습을 자주 보게 되지요.

여자아이는 다른 사람의 말을 잘 받아들이고 자기 일에

집중해서 몰두하는 경향이 있습니다. 부모의 입장에서는 이리저리 정신없이 쏘다니는 아들에 비하면 체력적으로 편한 부분도 있습니다. 반면, 딸은 말을 너무 잘해서 조금 얄밉다고 말하는 사람도 있습니다. 하지만 부모에게 솔직하게 자신의 의견을 말한다는 것은 곧 올곧게 성장하고 있다는 증거가 아닐까요?

실패에는 격려를, 도전에는 용기를

숙제를 열심히 하고 착실하게 공부하며 똑 부러지게 말하고 다른 사람을 배려하는 이 시기야말로 딸에게 자신감을 길러줄 기회입니다. 뭐든 할 수 있다는 생각을 심어주고, 하고 싶은 일에 도전하게 도와주고, 아이의 재능을 쑥쑥 키워주세요. 학원에 다니거나 새로운 일을 시작하기에도 좋은 타이밍입니다.

한 가지 주의를 기울여야 할 부분은 '아이가 좌절했을 때 어떻게 대처할 것인가'입니다.

여성은 같은 여성에게 더 엄격하게 구는 경향이 있어서

엄마가 딸에게 아들보다 더 높은 수준을 요구할 때가 많습니다. 그래서 딸을 도통 칭찬하지 못하는 엄마도 있지요. 하지만 여자아이는 부모님이나 선생님을 실망시키지 않으려고 부단히 애를 씁니다. 그래서 자신의 학습 능력을 평가할 때 지나치게 비판적으로 생각하고, 실수하면 자괴감에 사로잡혀 자신에게는 가치가 없다고 좌절합니다. 여자아이에게는 '할 수 있다'와 '두려움'이 종이 한 장 차이이지요. 부모가 반드시 기억해두어야 할 부분입니다.

딸이 무언가에 도전할 때, 부모는 엄격한 평가 대신 실패해도 괜찮다는 격려와 노력을 인정하는 따뜻한 말과 행동을 보여주어야 합니다.

취미나 일을 즐기는 엄마의 모습을 보여주자

아들이 아빠를 롤 모델로 삼는다면, 딸은 엄마를 롤 모델로 삼습니다. 하루하루 즐겁게 사는 엄마의 모습을 보며 자란 딸은 인생을 즐기는 방법을 쉽게 찾아냅니다.

반대로 인생이 따분하다는 듯 불평하는 엄마를 보며 자라면, 딸도 영향을 받아 부정적인 생각을 하기 쉽습니다. 따라서 엄마 스스로 취미나 일 등 행복하게 몰입할 수 있는 대상을 찾아야 합니다.

좋아하는 일을 아이와 함께 해보는 것도 좋습니다. 쉽게 자신감을 잃는 딸에게 못해도 괜찮다고, 즐기는 것 자체가 좋은 일이라고 알려주세요. 요리나 운동 같은 작은 일이라도 엄마와 함께 즐기면 아이의 도전 정신에 좋은 자극이 됩니다.

여자아이에게는 소설처럼 감정이입할 수 있는 책이 좋다

여자아이는 대부분 책을 곧잘 읽고 특히 픽션을 좋아하는 경우가 많습니다. 소설처럼 등장인물에게 감정이입할 수 있는 책을 즐겨 읽습니다.

감동적인 이야기를 읽고 나서 아이에게 "네가 주인공이었다면 어떤 마음이 들었을까?"라고 질문해보세요. 그러면 아이는 이렇게 대답할 가능성이 큽니다.

"주인공은 너무 슬펐을 것 같아. 왜냐하면…."

아이는 '슬프다, 더 친절하게 대해주고 싶다, 도와주고 싶다' 등과 같이 자신의 감정을 대입해서 등장인물을 깊이 이해하려 하지요. 이러한 과정이 아이의 마음을 더욱 풍요롭게 만들어줍니다. 그래서 이 시기에는 책을 많이 읽을수록 좋습니다.

PART 4

07

여자아이들 사이에는
정말 따돌림이 많을까?

훈육기 육아 비결②

초등학생이 되면 친구 집단 안에서 자신의 위치를 정한다

여자아이들은 배려와 공감을 바탕으로 수평적인 조직을 만드는 것이 특기입니다. 주변의 분위기를 읽고 사람들과 자연스럽게 소통하면서 무리를 만들어 나갑니다. 그리고 그 인간관계 안에서 주위와 균형을 맞추며 성장합니다. 초등학생이 되면 벌써 친구 집단 안에서 자신의 위치와 역할을 정하고 그것을 지키려 합니다.

그래서 여자아이들은 집단에서 제외되는 것을 매우 두려워합니다. 주위와 동떨어진 존재가 되거나 무리에서 벗어나지 않기 위해서 하고 싶은 일이 있어도 참거나 속내를 감추는 방법을 이 시기부터 익히기 시작하지요. 그리고 자신의 감정이나 욕구를 억누르고 주위에 맞춰 집단의 가치관으로 무언가를 판단하는 데 점차 익숙해집니다.

친구가 없으면 나쁜 아이라는 잘못된 생각

'모두와 사이좋게 지내야 바른 아이', '친구가 많은 아이가 착한 아이'라고 많은 사람이 생각합니다. 그래서 '혼자'란 힘들고 괴로운 것이라는 부정적인 생각에 사로잡히기 쉽지요.

그래서 집단 따돌림 같은 심각한 사태가 아니더라도, 주위 사람과 다른 개성을 가진 아이에게는 이런 상황이 갑갑하게 느껴질지도 모릅니다. 이럴 때는 친구가 없는 것은 나쁜 일이 아니며 다른 사람과 다르게 생각하는 것은 잘못된 일이 아니라고 알려주어야 합니다.

다만 학교에서 많은 시간을 보내는 아이에게 외톨이처럼 줄곧 홀로 지내기란 쉬운 일이 아니겠지요. 아이가 처한 환경을 제대로 이해한 다음 적절한 조언을 건네는 편이 좋습니다.

초등학생 열에 아홉이 따돌림을 경험한다

여성 200명을 대상으로 조사한 결과, 90% 이상이 초등학교에 다니는 동안 크건 작건 따돌림을 당한 적이 있다고 답했습니다. 우리 아이도 충분히 겪을 수 있는 일이라는 뜻이지요. 이런 사실을 염두에 두고 딸을 지켜볼 필요가 있습니다.

앞서 설명했듯이 여자아이들은 초등학교 저학년 때부터 자기들만의 무리를 만듭니다. 그러다 보니 일부 아이를 따돌리거나 무시하면서 심리적으로 괴롭히는 일도 생깁니다. 고학년이 되면 괴롭힘이나 따돌림이 더 자주 발생합니다. 무리 안에서 누가 누구와 더 친한지 다투기도 하고, 여러 무리 사이에 심한 경쟁이 일어나면서 따돌림 당하는 아이가 나오는 것이지요.

아이들이 다른 아이를 괴롭히거나 따돌리는 이유는 상대방의 행동이 신경 쓰이거나 상대에게 분노나 두려움을 느끼는 데 있습니다. 그에 대한 반발과 대갚음을 위해 공격을 가하는 것이지요. 때에 따라서는 집단 안에서 여러 아이가 같은 감정을 공유하기도 합니다.

보통은 사람을 대하는 데 서툴거나, 욕구불만에 대한 내성이 없거나, 다른 사람을 배려하지 않는 사람 등이 따돌림의 대상이 되기 쉽습니다. 하지만 본인의 성격이 원인인 경우와 달리 단순히 얌전하거나 내향적인 아이가 공격의 대상이 되기도 합니다. 또는 성적이 좋거나 외모가 예쁘다는 이유로 질투를 사기도 하고요. 이런 점은 어른의 세계와 크게 다르지 않습니다.

걱정을 털어놓을 수 있는 집안 분위기를 만들자

여자아이들 사이에서는 다음 사례와 같이 따돌림이 자주 일어납니다.

같은 반에서 공부하는 네 친구는 평소 사이가 무척 좋았다. 그런데 어느 날 갑자기 그중 세 명이 무리의 리더이자 가장 인기가 많은 A를 따돌리기 시작했다. 제멋대로에 행동이 마음에 안 들고 건방지다는 이유였다. 따돌림은 같은 무리에 있던 B가 C와 D 그리고 주위 사람에게 A의 험담을 퍼트리면서 시작되었다. 결국 A는 학교에 나오지 않게 되었다.

처음에는 대등한 친구로서 좋은 관계를 유지했지만, 한 친구가 언젠가부터 공부나 운동 등에서 두각을 드러내자 시기의 대상이 되어 사람들에게 공격당하게 된 경우입니다.

아이가 공동체 안에서 살아가는 이상 앞으로도 계속 이런 인간관계가 이어지리라는 사실을 엄마는 잘 알고 있습니다. 그러니 점점 복잡해지는 인간관계에 좌절하지 않도록 부모님은 항상 내 편이며 나를 반드시 지켜줄 것이라고 믿을 수 있는 환경을 만들어야 합니다. 평소에도 걱정거리를 마음 편히 털어놓을 수 있는 분위기를 조성해줍시다.

만약 고민을 이야기하면 구체적인 조언을 하기보다 이야기를 차근차근 끝까지 듣고 공감하고 이해해주어야 합니다. 그리고 아이가 무슨 이야기든 하고 싶은 마음이 들도록 "힘들었을 텐데 말해줘서 고마워."라고 진심을 담아 말해주세요.

아이에게 적합한 환경을 고민하자

여자아이는 '어떤 집단에 속하는가'가 매우 중요합니다. 중학교 배정을 앞두고 또는 새로운 학원을 고르기에 앞서 우리 아이가 어떤 환경에서 공부하면 좋을지 고민이 된다면 되도록 아이의 성격에 맞는 곳을 찾아야 합니다.

가장 중요한 요소는 성적이 아닙니다. 그 학교가 어떤 이념을 가지고 있고 어떤 아이들이 모여 있으며 어떤 학부모가 많은지 알아보고 나서 우리 아이에게 딱 맞는 곳을 선택한다면 훨씬 좋은 결과를 얻을 수 있습니다.

아이가 험담을 하면
어떻게 대처해야 할까?

훈육기 육아 비결 ③

본능은 쉽게 없앨 수 없다

여자아이가 여럿 모이면 자연스럽게 다른 사람을 험담하기도 합니다. 남자아이가 신체적으로 공격을 가한다면, 여자아이는 말을 통해 정신적으로 공격하는 셈이지요. 그 자리에 없는 사람을 험담하면서 무리의 결속을 다지기도 합니다.

여성은 여럿이 함께 있으면 안심하는 특성이 있습니다. 수렵·채집 시대부터 여성들은 생존을 위해 공동체를 이루고 힘을 모아 서로를 보호하는 방식을 선택했습니다. 이러한 공동체의 결속을 다지고 더욱 단단하게 만드는 가장 원시적인 방법이 바로 '공통의 적'을 만드는 것이지요. 즉, 무리와 맞지 않는 사람이나 외부의 존재를 공격하는 방법입니다.

아이의 뇌는 계속해서 발달하는 과정에 있기 때문에 어른에 비해 감정을 능숙하게 억제하지 못합니다. 아직 경험도 풍부하지 않으니 '우리는 친구이고 저 사람은 친구가 아니다'라는 단순한 생각으로 동료가 아닌 사람을 지정하고 적으로 간주합니다. 아주 직관적인 방법으로 서로의 관계를 확인하는 것이지요.

아이가 고민을 털어놓을 수 있는 환경을 만들자

여자아이들은 누군가를 괴롭힐 때 이런 방식을 주로 사용합니다.

- 다 들리게 욕을 한다
- 상대를 쳐다보며 쑥덕인다
- 따돌린다
- 메신저나 SNS에서 괴롭힌다

- 명령에 따르게 한다

- 물건을 빼앗거나 망가트린다

이번에는 초등학교 4학년 여자아이의 실제 사례를 한번 살펴볼까요?

평소 친하게 지내는 세 여자아이가 있었다.

어느 날 A가 B에게 메시지를 보냈다.

"나, 요즘 C가 너무 너무 싫은데. 넌 어떻게 생각해?"

뭐라고 답해야 할지 고민이 된 B는 엄마에게 의논하고서 이렇게 답했다.

"왜 그런 걸 물어봐? C랑 무슨 일 있었어?"

잠시 후 A가 보낸 메시지는 아주 충격적인 내용이었다.

"지금 C도 옆에 있지롱! 깜짝 카메라였습니다!"

만약 아이가 엄마에게 상담하지 않고 상대방 기분에 맞춰 자신도 그 친구가 싫다고 대답했다면 어땠을까요? 그랬다면 분명 두 친구가 아이를 괴롭히기 시작했겠지요. 부모에게 무엇이든 묻고 의논할 수 있는 환경이 얼마나 중요한지 실감하게 되는 이야기입니다.

안타깝게도 남을 욕하거나 괴롭히는 사람은 이 세상에 얼마든지 있습니다. 딸에게 그런 시련을 가볍게 뛰어넘을 수 있는 강인함을 길러주고 싶다면 아이의 말에 열심히 귀 기울여야 합니다.

사례에 등장한 딸과 엄마처럼 부모의 조언으로 위기를 멋지게 극복한다면 아이와의 신뢰 관계도 더욱 돈독해지겠지요. 아이는 부모님이 자신의 마음을 알아주길 바라는 욕구가 충족되면, 편안한 마음이 튼튼한 뿌리가 되어 앞으로 어떻게 해야 할지 스스로 생각하고 행동할 줄 알게 됩니다. 아이가 힘들 때 부모의 애정은 큰 힘이 됩니다. 무슨 일이 있어도 엄마 아빠는 너의 편이라고 아이에게 꼭 말해주세요.

PART 4
09

사춘기 여자아이는 왜
남자를 싫어할까?

관망기 육아 비결 ①

사춘기는 마음이 몸의 변화를 따라가지 못하는 시기

여자아이는 초경 전후 2년 동안 신체가 가장 크게 성장합니다. 체중이 늘고 키가 커지며 생리가 시작되는 이 시기에는 전보다 뇌에 산소가 덜 공급되기 때문에 머리가 멍해지는 때가 많습니다. 몸이 월경에 익숙해지기 전까지는 집중력이 크게 떨어지지요. 하지만 여성이기에 당연히 나타날 수 있는 현상이니 야단치지 않는 편이 좋습니다. 아이를 나무라지 말고 고기나 생선 등으로 단백질과 철분을 충분히 섭취할 수 있도록 도와줍시다.

PART 4 | 여자아이 키울 때 알아야 할 것들

여자아이는 2차 성징이 찾아오면 뇌에서 에스트로겐이 활발하게 분비됩니다. 그러면 호르몬의 영향으로 감정과 말을 조절하기가 어려워지고 정신이 산만해져서 자기도 모르게 짜증이 납니다. 작은 일에도 민감하게 반응해서 상처를 받거나 불안을 느끼기도 하지요.

그뿐만 아니라 체중이 급격히 늘거나 여드름이 나는 등 여러 변화를 받아들이지 못하고, 친구와 외모를 비교하고 실망하기도 합니다. 아이를 격려하려는 마음에 귀엽다고 칭찬해도 "하나도 안 귀여워!" 하고 반항하기도 하고요.

어떻게 대해야 할지 고민이 되겠지만, 감수성 풍부한 소녀의 마음이란 본인도 모를 만큼 복잡한 법이니 너그럽게 받아들여 줍시다.

사춘기 여자아이가 남자를 피하게 되는 이유

에스트로겐이 활발하게 분비되는 이 시기에 여자아이는 남성의 외모와 냄새 등으로 상대의 유전 정보를 파악하고 자신이 받아들일 수 있는 상대에게만 경계를 풉니다. 갑자기 같

은 반 남자아이나 남자 선생님을 피하게 되는 이유이지요. 남
성을 이성으로 받아들이고 사랑을 시작하기 위한 의식과 같
은 과정입니다.

남자 아이돌이나 만화 주인공에게 푹 빠지는 것도 사랑을
연습하는 과정이라고 할 수 있습니다. 멋지고 아름다운 그들
은 바로 옆에 있는 존재가 아니니 오히려 쉽게 받아들일 수
있는 것이지요. 시간이 지나면 가까이에 있는 남성에게도 관
심을 보이기 시작하니 걱정할 필요는 없습니다.

아빠에 대한 거부 반응은 어른이 되어간다는 증거

여자아이는 사춘기가 오면 아빠와도 거리를 두기 시작합
니다. 근처에 다가가기만 해도 짜증을 내기도 하니 어느 정도
주의가 필요합니다.

사춘기 딸은 엄마는 동성, 아빠는 이성으로 받아들입니다.
엄마에게는 날카로운 눈으로 불평하거나 자기 의견을 말하
고, 아빠에게는 생리적인 거부감을 보이고 대화를 피합니다.
심지어 빨래도 아빠와 따로 해달라고 말하기도 하지요. 하지

만 이는 정상적인 발달 과정입니다. 아빠에게 "싫어, 냄새 나, 짜증 나." 하고 거부감을 나타내는 모습은 자신과 다른 유전자를 가진 남성을 찾는 장치가 작동하고 있다는 증거이기도 합니다.

스위스 베른대학교에서 티셔츠를 이용해 실시한 재미있는 실험이 있습니다. 남학생들에게 이틀간 같은 티셔츠를 입게 한 뒤, 여학생 49명에게 티셔츠 냄새를 맡게 하는 실험이었습니다. 이 실험에서 여학생 49명이 '좋은 냄새'가 난다고 말한 티셔츠는 유전자가 자신과 가장 먼 남성의 티셔츠였으며, '지독한 냄새'가 난다고 느낀 티셔츠는 유전자가 가까운 남성의 티셔츠였습니다. 딸이 냄새 난다며 짜증을 내면 속상하겠지만, 어른이 되어가는 과정이라고 생각하고 기특하게 여겨주면 어떨까요?

외모 이야기는 되도록 피하자

이 시기에 무심코 외모 이야기를 꺼냈다가 딸의 미움을 사는 아빠가 많습니다. 어릴 때는 "우리 딸 많이 컸네." 하면 칭찬이지만, 사춘기 딸은 "혹시 살쪘다는 뜻이야?" 하고 반응할지도 모릅니다.

아빠는 귀여워서 한 말이더라도 딸에게는 눈치 없이 아픈 부분을 찌르는 말이 될 수도 있지요. 아빠는 좀 더 섬세하게 아이의 마음을 헤아릴 필요가 있습니다.

PART 4

10

사춘기 딸의 비밀, 어디까지 간섭해야 할까?

관망기 육아 비결 ②

부모에게 비밀이 생기는 시기일수록 관심이 필요하다

딸은 부모에게 뭐든 말하는 아이와 아무것도 말하지 않는 아이로 나뉩니다. 바로 이 시기부터 부모에게 비밀을 만들고 중요한 일을 친구하고만 공유하기 시작합니다. 하지만 아이가 느끼는 불안과 고민은 대부분 같은 여성으로서 엄마가 먼저 경험하고 극복해왔던 일들이지요. 아이가 뭔가 걱정하는 기색을 보이면 "고민 있어? 엄마한테 얘기해줄래?"라고 직접 밝게 물어보세요.

늘 반항적인 태도를 보이는 아이도 가족과의 건전한 커뮤

4~7세 딸아이를 키우는 부모에게 찾아올

니케이션을 경험하다 보면 자연히 부모의 애정과 신뢰를 느끼게 됩니다.

노출 많은 옷을 입는 아이에게는 센스 있게 조언하자

육아의 네 가지 원칙이라는 말을 들어보셨나요?

젖먹이는 품에서 떼어놓지 말라.
어린아이는 품에서 떼고 손을 떼지 말라.
소년은 손을 떼고 눈을 떼지 말라.
청년은 눈을 떼고 마음을 떼지 말라.

사춘기는 아이에게서 눈을 떼도 되는 때입니다. 하지만 마음까지 멀어져서는 안 되겠지요. 사춘기 여자아이는 예쁘게 보이고 싶은 마음에 패션에 관심이 많아지고 노출이 많은 옷을 입기도 합니다. 딸이 너무 짧은 치마나 어깨가 드러나는 윗옷 등을 입으면 걱정이 되기 마련이지요. 그럴 때는 "너무 짧은 치마는 입지 마!"라고 야단치기보다는 "이 옷이 더 다리

얇아 보이고 예쁜 것 같은데." 하고 슬쩍 조언하며 관심을 보여주세요.

부모와 아이의 관계를 확인하는 세 가지 질문

아이에게 이런 질문을 던져보면 어떨까요? 모두 고유명사로 답해야 하는 질문입니다.

① 함께 있으면 가장 마음이 놓이는 사람은?
② 뭐든 털어놓을 수 있는 사람은?
③ 어려운 일이 있을 때 나를 반드시 도와줄 사람은?

질문을 들은 아이들은 친한 친구나 남자 친구 또는 여자 친구의 이름을 가장 많이 떠올린다고 합니다. 하지만 친구도 연인도 앞으로 계속 곁에 있으리라는 보장은 없지요. 그러니 엄마한테는 뭐든 털어놓을 수 있다고, 아빠는 힘든 일이 있을 때 나를 꼭 도와줄 거라고 자신 있게 대답할 수 있는 관계를 만들어야 합니다.

딸이 연애로 고민할 때
엄마는 어떻게 해야 할까?

관망기 육아 비결 ③

엄마의 연애 이야기를 들려주자

연애나 성에 관해서는 아이가 먼저 말을 꺼내기가 쉽지 않습니다. 그래서 아이가 초등학교에 다니는 훈육기 때부터 연애와 성에 관해 솔직하고 담백하게 이야기할 수 있는 환경을 만들어두면 좋습니다. 그런 환경이 조성되면 아이도 뭐든 마음 편히 털어놓을 수 있지요.

딸이 연애 문제로 고민할 때 엄마의 사춘기 시절 연애 이야기를 들려주면 '와, 엄마도 연애 때문에 고민한 적이 있구나' 하고 아이도 공감합니다. 여자아이는 수평적인 관계를 선호하므로 아랫사람 내려다보듯이 말하지 말고 옆에서 발맞추어 걷는다는 느낌으로 다가가 보세요.

여자아이는 사랑에 빠지면 좋아하는 사람 생각으로 머리가 가득 찹니다. 끊임없이 연락하고 싶고 만나고 싶고, 사귀는 사이가 되어 손도 잡고 상대를 독점하고 싶어집니다. 좋아하는 사람이 생기면 그 사람의 취향에 자신을 맞추려고 노력하기도 합니다. 하지만 누군가의 취향에 맞춰 자신을 억지로 바꾸려 하면 결국 지치게 되지요. 있는 그대로의 모습으로 상대의 마음을 얻을 수 있도록 자신의 장점을 더욱 가꾸어야 아름답고 나다운 모습으로 성장할 수 있다고 조언해주면 어떨까요?

인생의 선배로서 자신을 소중히 하는 방법을 알려주자

좋아하는 사람과 마음이 통해 사귀는 사이가 되었다고 가정해볼까요? 사귀는 사이, 즉 연인이 된다는 말은 지금보다 두 사람의 거리가 가까워진다는 뜻입니다.

여기서 여자아이와 남자아이의 사이에 간극이 발생합니

다. 여자아이는 좋아하는 사람과 많은 이야기를 나누고 좀 더 오랫동안 같이 있고 싶다고 생각하면서 마음이 조금씩 깊어집니다. 반면 남자아이는 이미 만지고 싶고 안고 싶고 키스하고 섹스하고 싶다는 생각을 가지기도 합니다.

실제로 고등학생 정도가 되면 관계가 섹스까지 이어지기도 합니다. 원치 않는 임신이나 몸과 마음을 다치는 사태를 피하려면 엄마가 딸에게 자신을 소중히 여기는 방법을 미리 알려주어야 합니다.

- 섹스는 정말 좋아하는 사람과 하는 일이다.
- 무섭거나 싫으면 안 된다고 말하자.
- 성병 방지와 피임을 위해 콘돔을 사용하자.
- 응급피임약에 대해 알아두자(응급피임약이란 임신 가능성이 있는 관계를 가진 후 72시간 이내에 복용하여 원치 않는 임신을 막는 약으로, 의사의 진단 후 처방받을 수 있다).

"아무리 좋아하는 사람이라고 해도 네 말을 듣지 않거나 콘돔을 쓰지 않으려고 하는 남자하고는 사귈 필요 없어. 정말 널 소중하게 여기는 좋은 남자라면 네 마음을 무엇보다 존중

할 테니까."

이렇게 분명하게 아이에게 이야기해주세요. 엄마의 잔소리가 아니라 나이 차이 나는 언니의 조언처럼 말이지요. 좋아하는 사람과의 관계는 애정을 확인하는 행복한 행위이지만, 자신의 몸을 지키는 올바른 지식도 중요하다는 사실을 꼭 알려줍시다.

4~7세 때 꼭 배워야 하는 좋은 것들

딸을 통제하는
나쁜 부모가 되지 않으려면

관망기 육아 비결 ④

아무리 걱정되어도 인생의 주도권을 빼앗아서는 안 된다

사춘기는 딸에게 투영된 엄마의 심리적 문제들이 수면 위로 떠오르는 시기이기도 합니다. 인생을 통제하고 간섭하고 딱 달라붙어 하나하나 참견하고…. 이렇게 딸을 지배하는 부모 밑에서 자란 사람은 어른이 되어서도 숨 막히는 인생에서 쉽게 벗어나지 못하는 경우가 많습니다.

공부와 운동, 학교생활과 친구 관계, 옷차림부터 책, 음악, 음식까지 부모가 하나도 빠짐없이 관리하고 심지어 직업을 갖는 데도 크게 관여합니다. 연애와 결혼 생활, 출산과 육아

에도 참견하고 마음대로 휘두르려 하지요. 자식이 고분고분
하게 부모의 기대에 부응하면 좋아하고, 그렇지 않으면 심한
말을 퍼붓습니다. '다 너를 위해서'라는 말로 자식을 옴짝달
싹 못 하게 구속합니다. 이런 부모를 바로 독이 되는 부모,
'독친毒親, toxic parents'이라고 부릅니다.

이런 지배자와 피지배자의 관계는 건강한 부모 자식 관계
라 할 수 없습니다. 딸과 부모는 다른 인격이며, 부모가 자식
인생의 주도권을 쥐어서는 안 됩니다. 부모는 어디까지나 아
이를 돕는 조력자에 불과합니다.

혹시 내가 독이 되는 부모?

아래 소개하는 내용은 '딸을 저주하는 엄마의 다섯 가지
말'입니다. 내가 평소 아이에게 하는 말을 짚어보면 내가 독
이 되는 부모인지 아닌지 체크해볼 수 있습니다.

① 너를 위해서 그런 거야
늘 '너를 위해서'라고 말하지만, 정말 딸을 위해서 한 행동

일까요? 혹시 자기 자신의 이익이나 만족 때문은 아닐까요?

② 너 키우느라 하고 싶은 것도 다 참았는데

딸이 엄마가 원하는 진로나 인생과 다른 길을 선택했을 때 주로 나오는 말입니다. 엄마는 딸을 위해 자신의 인생을 희생했다고 생각하지만, 과연 딸은 엄마가 그러기를 바랐을까요?

③ 엄마 꿈을 네가 대신 이루어야지

인격도 관심 분야도 능력도 다르고 사는 시대도 다른데, 엄마가 미처 이루지 못한 꿈을 왜 딸이 대신 이루어주어야만 할까요?

④ 엄마는 너만 있으면 돼

딸이 엄마의 친구이자 파트너의 역할까지 모두 끌어안으면 아이의 어깨는 너무나 무거워집니다. 엄마 자신의 인생으로 딸을 지나치게 얽매고 있지 않나요?

⑤ 무조건 엄마 말대로 하면 돼

진로를 결정하거나 인생 계획을 세울 때 엄마 말대로 하면 정말 행복한 인생을 살 수 있을까요? 부모도 하나의 불완전한 인간일 뿐입니다. 틀릴 때도 있고 모르는 것도 있지요. 지극히 평범한 한 사람의 의견이라고 생각하면, 아이에게 부모 말이 무조건 옳다고 말할 수는 없게 됩니다.

이렇게 딸을 저주하는 무시무시한 말을 듣고 자라면, 딸이 엄마가 되었을 때 많은 괴로움을 겪게 됩니다.

여러분도 아이에게 이런 말을 한 적이 있지 않나요? 혹시 이렇게 행동하고 싶은 마음이 있지는 않은가요?

만약 그렇다면 지금이 멈출 기회입니다. 다시 한번 읽어보면 이런 말이 얼마나 잘못된 생각인지 금세 깨달을 수 있습니다.

딸에게 지나치게
의지하는 엄마

관망기 육아 비결 ⑤

'엄마를 위해서'라는 이유로 참는 딸들

딸은 엄마가 자신을 사랑하고 인정해주기를 간절히 바랍니다. 부모가 먼저 기대하지 않아도 아이 스스로 기대에 보답하기를 원하고 부모님을 기쁘게 하고 싶어 합니다.

그런 마음을 이용해 딸이 원하지 않는 일을 억지로 하게 만드는 것은 아이를 지배하고 자신의 가치관을 강요하는 일이나 다름없습니다. 혹시 자신도 그렇게 행동하고 있지 않은지 다음 질문들을 통해 되돌아봅시다.

① 자신이 이루지 못한 꿈을 딸에게 떠맡기고 있지 않나요?

자신이 학력이 부족해서 고생했다고 믿는 부모는 자식에게 대학 진학을 강요하거나 대학에 들어간 자녀에게 지나친 기대를 걸기도 합니다. 부모는 '아이를 위해서'라고 생각하기 때문에 자신이 악영향을 미치고 있다는 사실을 쉬이 깨닫지 못하지요. 하지만 이 또한 부모의 경험을 바탕으로 아이에게 가치관을 일방적으로 강요하는 일이라 할 수 있습니다.

② 아름답고 똑똑하게 성장하는 딸에게 질투하고 있지 않나요?

자신보다 인정받는 딸을 시샘하는 엄마도 있습니다. 아름답게 성장한 딸에게 대항하기 위해 젊게 꾸미고 섹시한 옷을 입어 자신이 여자로서 더 우월하다고 어필하거나, 딸이 여성스러운 옷을 입지 못하게 막기도 합니다. 심지어 딸이 자신보다 우수하다는 사실을 받아들이지 못하거나, 아이가 순수하게 행복을 누리는 모습을 보지 못하는 엄마도 있습니다.

③ 딸을 감정 쓰레기통으로 삼고 있지 않나요?

다음은 40대 여성의 실제 이야기입니다.

엄마는 큰딸인 나를 감정 쓰레기통으로 삼았다. 열 살 무렵부터였다. 이른 사춘기가 찾아왔다. 당시에는 엄마가 불쌍하다는 생각에 동정심을 느꼈지만, 돌이켜 보니 그건 학대였다. 엄마는 시댁 식구들을 욕하면서 내가 아빠를 빼닮았다고 귀에 못이 박히도록 말했다. 나를 걱정하는 척했지만 내 얘기는 하나도 듣지 않고, 항상 친척이나 이웃 욕을 끊임없이 늘어놓았다. 대학생이 되었을 때 내가 처음으로 듣고 싶지 않다고 반항했더니 엄마는 자기 말을 들어달라며 거꾸로 화를 냈다.

실제로 야무지고 똑똑한 딸을 개인 상담사 삼아 불평불만을 늘어놓는 엄마가 생각보다 많습니다. 저도 한때는 엄마의 상담사가 된 듯이 엄마의 불평을 꾹 참고 들어야 했지요. 그건 생각보다 괴로운 일이었습니다.

아무리 야무져도 딸은 아직 아이입니다. 아이의 연약한 마음에 어른의 푸념으로 상처를 내서는 안 되겠지요.

④ 아이는 아무리 커도 아이라고 생각하지 않나요?

딸에게 뭐든 직접 해주려고 드는 부모도 있습니다. 이른바 과보호이지요. '어차피 잘 못할 테니까, 걱정되니까'라면서 먼저 나서서 해주려 하고 있지 않나요?

얼핏 보면 상냥하고 정이 깊은 부모처럼 보이지만, 나중에는 딸에게 이것저것 요구하거나 이렇게 하면 안 된다, 저렇게 하면 안 된다며 사사건건 통제하게 됩니다. 결국 아이를 숨막히게 만듭니다.

외로움 때문에 육아에 집착하는 엄마

엄마를 '독이 되는 부모'로 만드는 원인은 바로 '외로움'입니다. 남편이 가족 일에 전혀 관심이 없거나, 부부 사이가 좋지 않거나, 괴로운 상황을 똑바로 직시하지 않으면 외로움을 이겨내기 위해 육아에 집착하게 됩니다.

만약 여러분이 독이 되는 부모와의 관계에 여전히 고민하고 있다면, 원망을 잠시 내려놓고 이렇게 말해보면 어떨까요?

"엄마는 충분히 훌륭한 인생을 살았다고 생각해요."

엄마의 외로움을 받아들이고, 인정하고, 위로해주세요. 어쩌면 그런 따뜻한 한마디에 얼어붙은 마음이 녹아내릴지도 모릅니다. 엄마와의 관계도 어느새 전과는 달라지겠지요.

엄마가 행복하면 딸도 행복하게 자란다

엄마와 아빠의 관계는 딸에게 큰 영향을 줍니다.

가끔 싸우더라도 제대로 화해하고, 서로를 소중히 아끼고, 서로 버팀목이 되어주는 모습을 보면 딸은 안심하고 건강하게 성장합니다. 딸을 다정하고 애정이 넘치는 아이로 키우고 싶다면 부모의 관계가 무엇보다 중요하지요.

하지만 아무리 최선을 다해도 부부 관계를 개선할 수 없다면, 이혼이라는 선택도 반드시 나쁘다고는 할 수 없습니다.

"엄마가 행복하면 딸도 행복하게 자란다."라는 말이 있을 정도로 엄마의 행복은 아이에게 아주 큰 영향을 주니까요. 딸은 누구보다도 엄마가 평온하고 행복하기를 진심으로 바랍니다.

다양성의 시대,
부모가 알아야 할 것들

PART 5
01

성소수자(LGBTQ)는
어떤 사람일까?

성에는 다양한 형태가 있다

최근 여러 매체에서 '성소수자', '성적소수자', 'LGBTQ' 등과 같은 말이 자주 등장합니다.

'성소수자'란 레즈비언lesbian(여성 동성애자), 게이gay(남성 동성애자), 바이섹슈얼bisexual(양성애자), 트랜스젠더transgender(신체적으로 타고난 성과 자신이 인식하는 성이 다른 사람, 성별 불쾌감을 느끼는 사람), 퀘스처닝questioning(자신의 성 정체성이 정확히 무엇인지 알지 못하는 사람) 등을 가리킵니다. 'LGBTQ'는 이들의 머리글자를 딴 말로, 성소수자와 같은 뜻으로 사용됩니다.

PART 5 | 다양성의 시대, 부모가 알아야 할 것들

191

다만 성소수자는 레즈비언, 게이, 바이섹슈얼, 트랜스젠더, 퀘스처닝 외에도 다양합니다. 성별에 관계없이 연애 감정이나 성적 욕구를 느끼는 팬섹슈얼pansexual(범성애자), 자신의 성별을 규정하지 않거나 남녀 모두에 해당한다고 느끼는 논바이너리non-binary, 다른 사람에게 연애 감정이나 성적 욕구를 느끼지 않는 에이섹슈얼asexual(무성애자) 등 다양한 형태의 성이 존재합니다.

10명 중 1명이 성소수자

다음은 2020년 여러 단체에서 조사한 일본의 성소수자 비율입니다.

덴쓰 다양성 연구소	11명 중 1명(약 8.9%)
LGBT 종합 연구소	10명 중 1명(약 10%)
일본노동조합 총연합회	13명 중 1명(약 8%)

일본은 인구의 약 11%가 왼손잡이라고 합니다. 성소수자와 거의 같은 비율인 셈이지요. 성소수자는 사람들이 생각하는 것보다 훨씬 더 가까운 존재입니다. 하지만 아직은 성소수자를 먼 존재로 느끼는 사람이 많습니다. 당사자가 옆에 있어도 본인이 직접 밝히지 않은 이상 알아채기가 힘들기 때문입니다.

아이를 키울 때 반드시 알아야 할 이야기

성적 다양성에 관한 개념은 아이를 키울 때 부모가 반드시 알아두어야 할 지식입니다. 어느 날 아이에게 성소수자 친구가 생길지도 모르니까요. 혹은 우리 아이가 성소수자일 가능성도 있습니다.

아니, 어쩌면 미처 눈치채지 못했지만 알고 보니 나 자신이 성소수자였을지도 모릅니다. 그래서 이 장에서는 왜 모든 사람을 단순히 남자나 여자로 나눌 수 없는지, 성소수자가 얼마나 밀접한 존재이고 중요한 주제인지 이야기하고자 합니다.

우리의 젠더 의식은
얼마나 발전했을까?

세계경제포럼 조사에서 하위를 기록한 한국

세계경제포럼이 나라별 성 격차gender gap를 분석한 '2021 성 격차 보고서'를 발표했습니다. 보고서에 따르면 한국은 조사 대상인 156개국 중 102위로, 108위였던 지난해보다 약간 올랐지만 여전히 하위권에 머물렀습니다. 한편 같은 아시아 국가인 일본은 동아시아·태평양 지역에서 가장 낮은 순위인 120위를 기록했습니다.

한국은 특히 경제 부문에서 성평등 수준이 낮았고, 특히 고위직 여성의 비율이 낮다는 문제점이 지적되었습니다. 건

강에서 54위, 정치에서 68위를 기록했지만 교육과 경제에서는 104위와 123위로 낮은 순위를 보였지요. 또한 관리직 여성 비율은 15.7%에 머물렀고, 비정규직 고용은 남성이 17.64%인 데 비해 여성은 그 배에 가까운 33.55%를 기록했습니다. 무엇보다 남녀의 임금 격차 비율이 32.48퍼센트나 되었습니다.

여전히 낡은 생각에 갇혀 있는 사람들

군이 조사 결과를 들여다보지 않아도 한국의 젠더 의식은 낡은 것에 가깝다는 사실을 알 수 있습니다. 남자는 밖에서 일하고 여자는 집안을 돌본다는 케케묵은 역할 분담에 '지금 시대가 어느 시대인데…' 하고 불쾌감을 느끼면서도, 그 역할에 순응하며 살아가는 사람이 여전히 많습니다.

이 책을 집필하기 위해 트랜스젠더(생물학적 성은 여성이지만 성 정체성은 남성)를 인터뷰했을 때 그들은 이런 이야기를 했습니다. 자신들 또한 '남자니까 돈을 많이 벌어야 한다', '몸도 마음도 강해져야 한다', '여자를 지켜줘야 한다', '울면

PART 5 | 다양성의 시대, 부모가 알아야 할 것들

안 된다' 같은 생각에 사로잡혀 있었다고 말이지요. 이렇게
분명하게 나뉘어 상식처럼 굳어져 버린 성 역할은 남녀뿐 아
니라 성소수자까지 괴롭히고 있습니다.

아이들의 의식은 변화하고 있다

일본 미에현에서 고등학생을 대상으로 '다양한 성과 생활
에 대한 설문 조사'를 진행했습니다. 그러자 지금 고등학교에
다니는 학생들은 다양한 성을 어른의 생각보다 훨씬 유연하
게 받아들이고 있다는 사실이 드러났습니다. 아이들이 자유
롭게 적은 글을 보면 다양한 성의 형태를 제대로 이해하고
있는 학생, 차별이 버젓이 이루어지는 현실에 문제의식을 가
지는 학생 등이 많았습니다. 아이들이 그런 생각을 하고 있다
니 얼마나 믿음직스러운지요.

하지만 시간이 흘러 그들이 어른이 되어 사회에 나가면,
사회의 낮은 젠더 의식과 자기 가치관의 차이 때문에 고민에
빠질지도 모릅니다. 그런 사태를 막으려면 아이도 어른도 성
의 다양성을 깊이 이해하고 유연한 사회를 만들어나갈 필요

가 있습니다.

언젠가 "저는 성소수자입니다."라는 말이 "제 혈액형은 AB 형입니다."라는 말처럼 아무렇지 않게 받아들여지는 세상이 오기를 진심으로 바랍니다.

PART 5

03

성소수자는
'별난 사람'일까?

다수의 의견이 반드시 옳은 것은 아니다

'무엇이 일반적이고 무엇이 그렇지 않은가'라는 물음은 성
소수자뿐 아니라 다양한 문제에도 적용됩니다. '상식', '보통',
'당연한 이치'는 사람의 가치관, 신념, 경험에 따라 달라지지
요. 따라서 많은 사람이 찬성한다고 해서 그것이 무조건 옳은
답은 아닙니다.

'평범한 아이' 하면 무엇이 떠오를까요? 착한 아이? 건강
한 아이? 그리고 대부분은 거기에 성별을 추가해서 '착한 여
자아이', '건강한 남자아이'를 머릿속에 그립니다. 하지만 우

리가 생각하는 '평범한 아이' 가운데는 분명 성 정체성으로 고뇌하는 아이가 있습니다.

본디 부모에게 자식은 너무나 소중하고 특별한 존재이기에 '평범한 아이'가 될 수 없습니다. 그럼에도 부모는 왜 우리 아이가 '일반적인지, 그렇지 않은지'를 신경 쓸까요? 다수에 속해야 더 마음이 편하기 때문일까요?

우리가 아이에게 무심코 던지는 질문

사람들은 대부분 남자가 여자를 좋아하고, 여자가 남자를 좋아하는 연애가 '보통'이라고 생각합니다. 부모가 사춘기 아이에게 연애 이야기를 할 때도 대개 이렇게 묻습니다. "여자 친구(또는 남자 친구) 생겼니?" 이런 질문에는 남자아이가 남자아이를 좋아하거나 여자아이가 여자아이를 좋아하는 것은 '특수한 일', '이상한 일'이라는 생각이 깔려 있습니다.

우리 사회가 아주 당연하게 여기는 것 중 하나인 '연애는 이성 간에 이루어지는 일'이라는 명제 때문이지요. 그래서 동성 커플이 엄연히 존재한다는 생각을 전혀 하지 못합니다.

"여자 친구 생겼어?", "결혼 안 해?" 같은 질문은 일상생활에서 아무렇지 않게 하기 쉬운 말입니다. 하지만 때로는 그것이 차별이 되고 누군가를 상처 입히기도 한다는 사실을 마음에 새겨둡시다.

꼭 묻고 싶다면 "좋아하는 사람 있어?"라든지 "사귀는 사람 있니?", "애인 있어?" 하고 센스 있게 물어보면 어떨까요?

육아는 낡은 생각을 깨버릴 절호의 타이밍

다수의 의견에 따르라고 은근슬쩍 강요하는 사회에서 다른 의견을 가진 소수파는 늘 벽에 부딪힙니다.

일본에서 태어나 50년 가까이 살면서 저 또한 항상 세상의 시선이나 다수의 의견을 신경 쓰며 살아왔습니다. 많은 일을 스스로 결정하는 듯하지만, 알고 보면 사람들의 눈을 생각해서 선택한 경우도 적지 않습니다.

실제로 책을 집필하며 만난 성소수자들은 세상이 말하는 '일반적인 것과 그렇지 않은 것' 때문에 아파하고 있었습니다. 자신은 분명 소수에 속하지만, 동시에 '보통' 사람이기도 하니까요. 세상과 자신의 괴리는 그들을 무엇보다 괴롭게 만듭니다.

어쩌면 지금이야말로 '상식', '보통', '당연한 이치'를 다시 생각할 타이밍인지도 모릅니다. 새로운 가치관을 아이들에게 전하는 것은 지금 시대를 살아가고 있는 어른들의 몫일 테니까요.

PART 5

04

아이에게 부모의 상식을 강요하지 말자

누구나 무의식에 뿌리박힌 '상식'이 있다

부모의 '상식'만큼 성소수자 아이들의 마음을 좀먹는 존재는 없어요. 저희 부모님은 늘 성소수자란 모두 변태에다 비정상적인 사람이라고 말했죠. 하지만 부모님이 스스로 배워 얻은 지식이 아니라, 그저 개인적인 감정과 편견에 따른 '상식'을 제게 강요한 거였어요. 제가 성소수자라는 사실을 넌지시 드러내 본 적도 있지만, 자기가 자식을 잘못 가르친 탓이라며 한탄해서 도저히 차분하게 이야기할 수 없었어요. 결국 부모님에게는 아직도 털어놓지 못했고, 털어놓을 의지도 없습니다.

4~7세 아이가 부모에게 들키고 싶지 않은 것들

인터뷰 당시 성소수자가 들려준 실제 경험담입니다. 부모님의 이해를 바랄 수조차 없다니 너무나 가슴 아픈 일입니다. 여기서 우리가 먼저 알아야 할 점은 젠더 표현, 성 정체성, 성 지향성(성적 지향)은 모두 별개라는 사실입니다. 생물학적 성별과 자신이 느끼는 성별 그리고 끌림의 대상은 전혀 다를 수도 있다는 뜻입니다.

부모는 대부분 자기 아이가 당연히 이성을 좋아하리라 생각합니다. 그뿐만 아니라 성소수자 본인도 이성을 좋아해야 한다는 생각과 그렇지 않은 자신의 마음 사이에서 많은 괴로움을 겪지요.

그 밖에 '여자아이니까 당연히 치마를 입을 것이다', '남자아이니까 축구나 야구를 좋아할 것이다' 같은 생각도 고정관념이라 할 수 있습니다.

어쩌면 여자 옷, 남자 옷이라는 표현도 그런 편견을 부추기는 요소일지도 모릅니다. 귀여운 옷, 멋있는 옷, 컬러풀한 옷, 움직이기 쉬운 옷 같은 범주로 옷을 분류하면 어떨까요? 그러면 어떤 옷을 골라도 괜찮고 어떤 옷을 입어도 문제가 없겠지요. 옷을 성별이 아니라 디자인과 기능으로 고르게 된다면 아이의 가능성도 그만큼 넓어질 겁니다.

부모의 상식이 아이들에게 미치는 영향

하지만 부모나 어른들은 아이에게 좋으리라는 생각에 혹은 당연하다는 생각에 갓난아이 때부터 '남자아이에게' 또는 '여자아이에게' 어울리는 색과 옷, 장난감 등을 쥐여줍니다.

아이를 키울 때 부모는 이런 가치관의 범위 안에서 자기가 믿는 상식을 자연히 아이에게 강요하게 되지요. 다시 말해 부모가 어떤 상식을 가지고 있느냐가 아이에게 엄청난 영향을 준다는 뜻입니다. 이 사실을 모든 부모가 반드시 깨달아야 합니다. 우리 아이는 물론 아이의 친구에게까지 영향을 줄 수 있으니까요.

자신이 이해하지 못한다고 아이의 가치관을 무시하지 말자

저도 아이를 키우면서 '부모 자식 사이라 해도 이해하지 못하는 부분이 얼마든지 있다'는 사실을 실감했습니다. 서로의 마음을 모두 헤아리지 못해도 어쩔 수 없다는 생각도 듭니다. 다만 한 가지는 늘 마음에 새겨두고 있습니다. 비록 부모는 그렇게 생각하지 않는다 해도, 아이의 가치관을 자신의 편견에 맞추어 부정하지 말아야 한다는 점입니다.

상식이란 시간이 흐르면서 시시각각 달라집니다. 육아의 상식도 지금 세대와 부모님 세대는 많이 바뀌었지요.

부모와 자식은 사는 시대도 환경도 다르며 다른 가치관과 상식을 가지고 있다는 사실을 항상 명심합시다.

성소수자 아이를 대하는
학교의 자세

우리 아이의 학교에도 성소수자가 있다

한국에서는 성소수자에 관한 교육이 거의 이루어지지 않아서 선진국 중에서도 지식이나 인식 면에서 크게 뒤떨어져 있습니다. 실제로 성소수자라는 이유로 괴롭힘과 차별을 당하고 등교를 거부하게 되는 학생도 적지 않습니다.

LGBT 종합 연구소의 조사에 따르면 일본은 열 명 중 한명(약 10%)이 성소수자라고 합니다. 즉, 마흔 명이 한 반이라면 그중 네 명 정도가 성소수자인 셈이지요. 이런 상황은 우리 아이가 다니는 학교 또한 마찬가지일 겁니다.

성소수자 아이들은 괴롭힘을 당하거나 자살의 유혹에 빠질 위험이 매우 높음과 동시에, 성의 다양성에 관한 긍정적이고 올바른 정보를 충분히 접하지 못하는 상황에 놓여 있습니다. 자신의 성 정체성을 자각하면서도 따돌림, 편견, 차별이 두려워 꼭꼭 숨기거나, 아무에게도 말하지 못하고 혼자 고민하는 경우도 많습니다.

선생님조차 성소수자에 대한
제대로 된 지식과 인식이 부족한 현실

학교에서 성소수자 교육을 실시하려면 선생님이 가장 먼저 올바른 지식을 배우고 이해할 필요가 있습니다. 선생님의 부족한 지식이 학생들을 올바르게 가르치는 데 큰 걸림돌이 되고 있기 때문입니다. 그렇다 보니 학교에서 아무에게도 말하지 못하고 자신의 성 정체성과 성 지향성 때문에 고민하는 학생이 적지 않습니다.

학교가 성소수자 교육에서 가장 먼저 살펴야 할 점은 성 정체성으로 고민하는 학생들이 소외감을 느끼지 않도록 말과 행동에 주의를 기울이는 일입니다. 교사가 성소수자를 놀리거나 웃음의 대상으로 삼아서는 안 되겠지요.

학교 시설과 규정 면에서는 성중립 화장실 설치, 교복과 체육복의 자유화, 수학여행 시 욕실 사용 대책 등 성소수자 학생을 위한 다양한 방안이 필요합니다. 학교가 힘을 합쳐 학생들이 안심하고 다닐 수 있는 환경, 고민을 털어놓을 수 있는 시스템을 만들어주어야 합니다.

아직은 남의 일로 여기는 학교가 대부분

일본의 NPO법인 리빗Rebit이 중학생들을 대상으로 '동성애나 성별 불쾌감에 관해 얼마나 알고 있는가?'라고 묻자 80% 이상이 '들어본 적 없다', '들어는 봤지만 자세히는 모른다'라고 답했습니다.

한편 '성소수자에 관해 학교나 수업에서 배운 적이 있는가?'라는 물음에 배운 적 있다고 대답한 중학생은 10%밖에 되지 않았습니다. 그런데 또 다른 조사에서는 무려 중학생 75%, 고등학생 90%가 '성의 다양성은 나와도 관련 있는 이야기다'라고 답했습니다.

성소수자 본인도 학교에서 성의 다양성과 성소수자에 관한 교육이 충분히 이루어지기를 진심으로 바라고 있습니다. 잠시 당사자의 이야기를 들어볼까요?

학교 선생님들은 대부분 잘 모릅니다. 아니면 지식은 있어도 아무도 얘기하지 않았으니 우리 학교에는 성소수자가 없다고 생각하는 사람도 있고요. 있어도 말을 못 할 뿐인데 말이죠. 결국 선생님이 누구보다 먼저 올바른 지식을 배워야 하지만, 아직은 그렇게 필요성을 느끼는 사람이 많지 않아요. 성소수자가 없다고 철석같이 믿고 있으니까요. 학교는 아이들에게 두 번째 집이라 할 만큼 중요한 공간이니 하루빨리 의식의 전환이 이루어지기를 바랍니다.

가까이에 있을지도 모른다는 생각에서부터 출발하자

성 정체성은 겉모습만 보고는 판단할 수 없습니다. 그래서 평범한 학교생활만으로는 타고난 성과 자신이 인식하는 성이 다른 사람, 동성에게 호감을 느끼는 사람이 가까이 있어도 알 도리가 없습니다.

성소수자 또한 우리 가까이에 있는 지극히 평범한 존재라고 인식하지 못하면, 아이가 자신의 성 정체성을 깨달았을 때 사회에서 배제된다는 두려움에 자신을 받아들이지 못하게 됩니다. 하지만 앞에서 살펴본 조사 내용처럼 아이들은 성의 다양성을 자신의 일로 인식하고 있습니다. 자신 또는 친구에게도 얼마든지 있을 수 있는 일이라고 생각하지요.

그러니 학교에서는 어쩌다 한 번 배우고 마는 것이 아니라, 일상생활에서 성의 다양성을 이야기할 수 있는 환경을 만들어야 합니다. 성의 형태는 다양하며 이성애자가 아니라고 비정상인 것은 아니라고, 생물학적인 성과 자신이 인식하는 성이 다른 사람도 있다고, 어떤 일이든 선생님과 상의해도 된다고 믿을 수 있는 환경을 말이지요.

PART 5
06

성소수자 아이의
사회생활은 문제없을까?

공부만 하면 누구나 진학할 수 있다

성소수자 아이들은 진학이나 취업 또는 결혼을 하는 데 있어 어떤 문제가 있을까요?

우선 진학에 관해서는 지금도 큰 어려움은 없습니다. 기본적으로 입시에서 가장 중요하게 여기는 부분은 학력이니까요. 본인이 열심히 공부하면 아무런 문제가 되지 않습니다.

다만 성소수자 아이들은 자신의 성 정체성이나 성 지향성에 대한 고민 때문에 공부에 잘 집중하지 못하기도 합니다. 학교나 가정에 아이가 의지할 수 있는 대상이 있는지 없는지

PART 5 | 다양성의 시대, 부모가 알아야 할 것들

가 아이의 학습을 크게 좌우하니 관심을 기울여야 합니다.

성소수자 친화적 기업도 늘고 있지만 여전히 많은 숙제

해외에서는 성소수자에게 우호적인 기업을 종종 볼 수 있게 되었지만, 현실은 어떨까요? 취업 전선에 뛰어들었던 성소수자들은 이렇게 말합니다.

개인적으로는 취업용 정장을 강요하는 곳은 아무래도 지원하고 싶지 않아요. 이력서의 성별란은 이제 없앨 때가 되지 않았나 싶고요. 성소수자를 지지한다고 말하는 기업도 있긴 하지만, 마치 우리가 널 받아주는 거라고 생색내는 듯한 느낌이에요.

겉으로 보기에 티가 나는 트랜스젠더에게 취직은 어떻게든 피하고 싶은 문제예요. 직장에 들어간다고 해도 편견이 심해서 자신이 어디까지 능력을 발휘할 수 있느냐는 본인의 정신력에 달려 있고요. 아주 어려운 문제죠.

동성 결혼은 아직은 갈 길이 멀다

한국에서는 아직 동성 결혼이 법적으로 불가능합니다.

한편, 이웃 나라인 일본에서는 성소수자를 위한 변화가 조금 더 빠르게 이루어지고 있습니다. 동성 결혼을 실현하기 위한 법제화가 진행되고 있으며, 일부 지방자치체에서는 이미 동성애자를 위한 파트너십 제도가 실행되고 있고요.

트랜스젠더의 경우는 일본도 한국과 유사합니다. 성별적합수술(성전환 수술)을 해야만 호적 정정이 가능하지요. 일본에서는 여성이 남성으로 성전환하고 남성으로 호적을 정정하면 여성과 결혼할 수 있습니다. 다만 수술을 하지 않아서 몸은 여성이지만 마음은 남성인 트랜스젠더는 호적상 여성이므로 현재로서는 여성과 결혼이 불가능합니다.

현재 출산은 본래 성 지향성과 별개로 남녀의 관계를 통한 출산, 시험관 수정 등 보조생식기술을 이용한 출산, 입양 등이 있습니다.

파트너 그리고 아이와 함께 가족으로 살아간다는 것. 누군가에게는 아주 평범하고 당연해 보이는 일이지만, 성소수자에게는 아직 큰 벽이 남아 있습니다.

우리 아이가 성소수자일지도
모른다는 생각이 든다면

공연히 불안해할 필요는 없다

'만약 우리 애가 성소수자라면…' 하고 생각해본 적 있으신가요? 그럴 리 없다는 생각이 들겠지만 한번 상상해봅시다. 어떤 마음이 드시나요? 받아들일 수 있을까요?

히로시마슈도대학広島修道大学에서 부모들을 대상으로 "만약 자식이 동성애자라면 어떻겠는가?"라는 질문을 던졌습니다. 그러자 45.6%가 '싫다'라고 답했고, 26.8%가 '싫은 쪽에 가깝다'라고 답했으며, 11.7%가 '싫지는 않다'라고 답했습니다. 즉, 부모 중 절반 이상이 받아들일 수 없다고 대답한 셈이지요. 하지만 그런 감정적인 부분은 일단 접어두고 차분하게 생각해보면 어떨까요?

부모는 아이를 키우다 보면 성 정체성뿐만 아니라 자연히 다양한 불안을 느낍니다. 우리 아이에게 발달장애가 있다면, 신체적인 장애가 있다면, 심한 알레르기 체질이라면, 낯을 가리고 소극적이라면 어쩌나 하고요. 그런 불안이 느껴질 때 여러분은 어떻게 하시나요?

절대 그럴 리가 없다고 필사적으로 눈을 돌려봤자 문제는 아무것도 해결되지 않습니다. 그래서 부모라면 누구나 열심히 정보를 모으거나 대처법을 배워 극복하려 합니다. 일단 문제를 제대로 파악하면 대부분은 그렇게 불안해할 필요가 없다는 사실을 깨닫게 되지요. 성 정체성 또한 마찬가지입니다. 혹시 내 아이가 성소수자일까 봐, 혹은 성소수자가 될까 봐 지나치게 불안해할 필요는 없습니다.

아이를 잘못 키웠다고 자책할 필요도 없다

성 정체성이 생물학적 성별과 일치하는 사람, 즉 이성에게 연애 감정을 느끼는 이성애자 중에는 안타깝게도 성소수자를 받아들이지 못하고 공격하는 사람이 있습니다. 마치 자신의 고정된 남녀관이나 가치관을 부정하는 듯해 성소수자를 인정하지 못하는 것이 아닐까요.

그런데 이런 일이 부모 자식 사이에서 벌어지면, 부모는 '내가 자식을 잘못 키운 탓'이라고 자신을 책망하기 쉽습니다. 하지만 성 정체성과 생물학적 성이 일치하지 않는 원인은 밝혀지지 않았습니다. 결코 부모의 탓이라 할 수 없지요. 아이 본인도, 부모도, 잘못한 사람은 아무도 없습니다.

바로 이해하고 공감해주지 않아도 괜찮아요.

모르는 건 모르는 거니까요. 부모 자식도 결국은 다른 인간이니까. 그저 내 편이 되어주면 돼요. 엄마, 아빠는 네 편이라고 말해주세요. 그거면 충분해요. 그 말만 있으면 아이들은 자기 생각에 자부심을 가지고 살아갈 수 있어요.

성소수자의 이야기처럼 아이가 진심으로 바라는 것은 그리 대단한 일이 아닙니다. 부모의 마음, 지지 하나면 충분하지요.

아이가 성소수자든 아니든 알아둬야 할 지식

앞으로 아이가 살아갈 시대에는 지금보다 더 많은 다양성을 인정하고 함께 힘을 모아야 합니다. 성소수자뿐 아니라 인종, 민족, 연령이 다른 다양한 사람과 일하고 함께 살아갈 가능성이 지금과 비교도 되지 않을 만큼 높으니까요.

그러니 내 아이가 성소수자든 아니든 이와 관련된 개념을 알아둘 필요가 있습니다. 앞으로 아이를 키울 때 반드시 알아야 할 '필수 지식'이라고 생각해주세요. 더 이상 나와 관계없는 문제가 아닙니다.

아이가 커밍아웃을 한다면
어떻게 해야 할까?

갑작스러운 커밍아웃

자신의 성 정체성을 자각하고 부모님에게 털어놓으면, 어떤 일이 벌어질까요? 당사자들의 경험담을 들어보았습니다.

아무 준비 없이, 그것도 전화로 말했어요. 원래부터 서로 크게 간섭하지 않아서인지 밝힌 후에도 사이가 나쁘지 않아요. 크게 변한 점은 없는 것 같아요.

엄마에게 털어놓았을 때 엄마는 가장 먼저 이렇게 말해줬어요.

"엄마, 아빠한테 말도 못 하고 그동안 정말 힘들었겠다."

내 편이 되어준다는 건 이런 거구나. 그때 제대로 알았어요.

만약 부모님이 먼저 눈치를 채더라도 아이가 스스로 마음을 정리할 수 있도록 시간을 주고 믿음을 가지고 기다려주셨으면 좋겠어요. 부모님이니까, 사랑하니까, 그래서 더 말하기 힘든 것도 있으니까요.

저는 스무 살 생일 때 커밍아웃했어요.

호적상 성별은 여성이지만 저 스스로는 성별을 알 수가 없다고요. 남녀 누구든 사랑할 수 있지만 결혼할 생각은 없으니 손주는 포기해 달라고 말했어요. 부모님은 "남자든 여자든 우리 아이인 건 변함없어. 네 인생이니 원하는 대로 하렴. 하지만 혼자 사는 건 쉬운 일이 아니니까 힘을 길러야 해."라고 말해줬어요. 내심 의절당할지도 모른다고 생각했던 터라 마음이 놓였어요. 부모님의 말 중에 이 말이 가장 기억에 남아요. "우리는 네 느낌을 솔직히 잘 이해하지는 못하겠지만, 세상 모두가 적이 되어도 우리는 네 편이야."

저희 부모님은 받아들여 주시지 않았어요. 말도 제대로 못 하

게 했죠. 결국 남보다 먼 존재가 되었어요. 제 스스로 연을 끊었
거든요. 제 마음을 지키려면 어쩔 수 없었어요. 다른 분들은 그
런 슬픈 관계가 되지 않았으면 해요. 저도 그렇게 되고 싶지 않
았고, 부모님을 진심으로 사랑하고 싶었어요. 부디 이야기를
충분히 들어주고 아이를 받아들여 주셨으면 좋겠어요.

저는 너무 갑작스럽게 느껴지지 않도록 여러모로 궁리했어요.
옷을 내가 좋아하는 스타일로 조금씩 바꾼다든지, 속옷도 꽃무
늬 레이스 팬티에서 심플한 사각팬티로 바꾼다든지 하면서요.
성소수자 친구가 생겼다는 이야기를 하면서 관련 지식을 엄마
에게 조금씩 알려주고, 엄마가 어떻게 생각하는지 들어보기도
했어요. 그렇게 엄마가 어떤 반응을 보일지 미리 살펴보았죠.

부모에게는 갑작스러울지 몰라도 아이는 오랜 시간 애태
우며 망설인 결과입니다. 부모에게 털어놓을 때도 상상을 초
월할 만큼 엄청난 용기가 필요하지요. 이런 아이의 마음을 조
금이라도 알아주고 싶다면, 성소수자에 관한 지식은 물론 어
떤 일이 있어도 아이를 무작정 부정하지 않겠다는 마음가짐
이 필요합니다.

내 아이가 성소수자라는 사실에 부모도 많이 속상하고 괴로울지도 모릅니다. 하지만 그건 어디까지나 부모 마음의 문제이니 네 탓이라고 아이를 책망해서는 안 되겠지요.

아이의 용기와 신뢰에 응답하자

앞서 여러 커밍아웃 사례들을 소개했지만, 실제로는 부모에게 털어놓지 않을 가능성이 더 클지도 모릅니다. 애초에 부모에 대한 신뢰가 없다면 말할 수 없는 데다, 부모를 믿는다 해도 걱정시키면 안 된다는 마음에 꾹 참기도 하니까요.

이렇게 부모를 믿고 사랑하기에 아이는 용기 내어 고백할 때 무엇보다 부모의 반응을 마음 졸이며 지켜봅니다. 이런 간절한 마음으로 말이지요.

'부모님을 누구보다 믿고 사랑하지만, 거짓 인생을 살고 싶지는 않아. 그러니까 용기를 내서 말하고 싶어.'

부모로서 아이의 이런 절실한 마음을 받아주고 싶지 않을까요?

PART 5

09

성소수자의
자살 위험이 높은 이유

부모의 태도가 최악의 결과를 부른다

독자 여러분 중에는 부모가 성소수자에게 긍정적인 태도를 취하면 아이가 성소수자가 될지도 모른다고 걱정하는 사람이 있을지도 모릅니다. 하지만 성소수자가 되는 데 부모의 태도가 영향을 준다는 근거는 어디에도 없습니다. 특정 성 정체성을 가진 아이는 부모가 어떻든 상관없이 그 성 정체성을 갖게 되지요.

만약 여러분이 그런 불안을 안고 있다면 반드시 알아두어야 할 점이 있습니다. 만에 하나 아이가 성소수자라는 사실을

숨기고 있다면, 부모의 부정적인 태도가 최악의 결과를 불러
올 수도 있다는 점입니다.

최악의 결과란 스스로 목숨을 끊는 일입니다. 단순히 그럴
가능성이 있느냐 없느냐 하는 이야기가 아닙니다. 실제로 일
본 정부는 2012년 '자살종합대책개요'를 개정할 때 성소수
자 지원에 관한 내용을 최초로 명시했습니다. 성소수자가 자
살 고위험군에 해당된다는 의료 분야 연구와 성소수자들의
목소리를 반영한 결과입니다.

주변 사람의 무심한 태도가 아이를 내몬다

성소수자의 자살 위험률이 높은 이유는 무엇일까요?

자신이 성소수자라고 자각하는 아이들 대부분이 주변 사
람과 다르다는 사실에 죄책감을 느끼기 때문입니다. 아이들
은 사춘기가 찾아오면 하루가 다르게 변화하는 몸 때문에 위
화감을 느끼기 쉽습니다. 그런데 성소수자 아이들이 일상에
서 겪는 일들이 이런 위화감을 '부정적'으로 받아들이게 만들
지요.

학교에서는 교사나 다른 학생이 자기 반에 게이나 레즈비언이 있으리라는 생각은 전혀 하지 못하고 동성애를 웃음거리로 삼기도 합니다. 부모는 자기 아이가 당사자이리라는 생각은 하지 못하고 방송에 나온 성소수자를 비웃거나 무시하기도 하고요. 아이는 그런 일을 겪으면서 학교에서도 집에서도 설 자리를 잃고 고독감에 빠집니다.

그러면서 자연히 남들과 다른 성 정체성은 '나쁜 것', '남에게 말해서는 안 되는 것'이라고 생각하게 됩니다.

'가짜 나'로 사는 삶은 행복할 수 없다

내 삶의 주인으로서 살아간다고 느끼지 못하는 것 또한 자살의 원인이라는 보고도 있습니다. 사실은 동성애자이고 남자 아이돌을 좋아하지만 주변 사람들처럼 여자 아이돌을 좋아하는 척하고, 억지로 여자를 좋아하는 척하면서 연애 이야기를 꾸며 늘어놓는 것이지요.

어찌 보면 사소해 보일지 모르지만, 이렇게 계속 가짜 자신을 연기하며 살다 보면 내 삶을 살아간다는 보람 대신 텅

빈 인생의 공허함만 남게 됩니다.

본래 자신의 모습대로 살면 차별을 당하거나 괴롭힘의 대상이 되겠지만, 가짜 인생도 괴롭기 그지없지요. 결국 앞날을 포기하고 절망하게 되기 쉽습니다.

성소수자에게 자살은 너무나 가까운 존재

성소수자의 자살에 대해 당사자들의 이야기를 들어보았습니다.

남들과 다른 대상을 좋아한다는 것보다, 제가 사람들과 다르다는 사실이 괴로워요. 제 주변에도 실제로 목숨을 끊은 사람이 있다 보니 이것저것 고민하다 보면 생각이 거기까지 미치죠.

지금까지 세 번이나 자살을 시도했어요. 제가 트랜스젠더라는 사실을 혐오하고 절망하기 때문이에요. 저는 가까스로 목숨을 건졌지만, 친구가 세 명이나 돌아오지 못할 길을 떠났어요.

실제로 목숨을 끊는 사람이 적지 않죠. 트랜스젠더뿐만 아니라 동성애자도 마찬가지예요. 몇 년 전에는 한 남자 대학원생이 아웃팅(본인의 동의 없이 어떤 사람의 성 정체성을 강제로 밝히는 일)을 당하고 스스로 세상을 떠나기도 했어요.

태어나서 미안하다고 말하는 아이에게

남다른 성 정체성 때문에 고민하는 사람들은 마음 한 켠에 죄책감을 안고 있습니다. 만약 아이가 태어나서 미안하다고 말한다면 부모는 어떤 마음이 들까요? 성소수자들의 이야기를 들어보았습니다.

정말 여러 번 한 생각이에요. 나 때문에 부모님이 이혼했을지도 모른다는 생각도 했죠. 특히 중고등학교 때는 그런 생각에 완전히 파묻혀 있었고, 성별 정정이 끝날 때까지는 내가 태어난 이유를 고민하거나 존재 가치를 부정하기도 했어요. 누군가 알아주기를 바라는 마음에 연애에만 매달리기도 했고요. 그런 마음에 매몰되지 않도록 부모님이 아이에 대한 사랑을 꼭 표현해주었으면 좋겠어요.

생각해본 적 있죠. 사실 미안하다기보다는 '태어나지 않았으면 좋았을 텐데, 나는 대체 왜 여자로 태어났을까' 하는 심정이었어요.

이렇게 밝고 즐겁게 지내고 있지만 저도 가끔 마음 한구석에서 죄책감이 끓어오를 때가 있어요. 하지만 인간은 누구나 그런 감정을 느끼는 생물이라고 생각해요. 그러니까 가끔은 태어나서 미안하다고 생각하는 날이 있어도 괜찮아요. 느낄 만큼 충분히 느끼다 보면 자연스럽게 증발되니까요. 그러면 삶이 더 자연스럽고 단순하고 훨씬 더 즐거워져요. 그런 날이 누구에게나 예고 없이 불쑥 찾아온다고 생각해요.

성소수자든 아니든 자식이 스스로 목숨을 끊으면 부모는 말로 표현할 길 없는 슬픔에 빠지겠지요. 어떤 모습을 하든, 어떤 방식으로 살든, 아이는 모두 다 소중한 존재입니다. 그런 아이를 잃고 나서야 생명의 무게와 소중함을 실감해보았자 때는 너무 늦습니다.

생각해보면 성소수자 아이뿐만 아니라 사춘기 아이들은 특히 타인과 다른 부분을 나쁘게 여기고 고민에 빠질 때가 많습니다. 그럴 때 부모는 어떤 태도를 보여주어야 할까요? 이건 성소수자 아이들을 대할 때도 마찬가지입니다.

4-7세 아이 키울 때 꼭 부모가 다뤄야 하는 것들

성소수자에 대한 편견을 없애려면 어떻게 해야 할까?

마음까지 바꾸기는 어렵겠지만

세상에는 성소수자에 관한 것뿐만 아니라 아주 다양한 편견이 있습니다. 슬프게도 이런 그릇된 생각은 아무리 노력해도 완전히 사라지지는 않을지도 모릅니다.

사실 성소수자 본인도 방송에 나오는 일부 성소수자의 모습과 행동을 불쾌하게 느낄 때가 있다고 말합니다. 방송에서 보여주는 정보를 시청자가 그대로 받아들이고 '저런 사람이 게이구나', '레즈비언은 저렇구나', '트랜스젠더는 저런 사람이군' 같은 고정관념을 가질 우려가 있기 때문입니다.

사람이 여럿이면 당연히 각자 느끼는 감정도 사람 수만큼 다양하므로 편견은 물론 다른 사람의 마음에까지 개입하기란 어렵습니다. 자신과 다른 것, 이해하지 못하는 대상에 대한 거부감은 누구나 가지고 있습니다. 동성애자를 생리적으로 받아들일 수 없다고 생각하는 사람이 있다 해도 어찌할 수 없고, 그런 생각 또한 개인의 자유이지요.

공감은 못해도 이해할 수는 있다

하지만 그렇게 생각하는 것과 당사자를 공격하는 것은 다른 문제입니다.

눈살을 찌푸릴 만큼 못마땅한 일이라 해도 여러 각도에서 살펴보면 공감은 못하더라도 이해는 할 수 있기 마련이니까요. 잘 알지는 못해도 이해하려는 자세를 취하면, 편견도 조금은 줄일 수 있습니다.

열 명 중 한 명이 성소수자라고 하지만 아직 세상은 편견으로 가득합니다. 그중 대다수는 본래 자신의 모습을 감추고 세상의 규범에 맞춰 살아가고 있습니다. 옆에 있어도 알지 못하도록 숨죽인 채 생활을 하고, 학교에 가고, 일을 합니다. 혹은 앞에서 이야기했듯이 견디지 못하고 스스로 목숨을 끊은 이도 있습니다.

이런 상황을 생각하면 편견은 어차피 사라지지 않는다고 포기하지 말고 조금이라도 없애려 노력해야 하지 않을까요?

편견 없는 부모가 밝은 미래를 만든다

성소수자가 자기 자신에게 솔직하고 당당하게 살 수 있는 세상을 만들려면 어떻게 해야 할까요?

지금 세상의 흐름을 보면 성소수자에 대한 젊은 세대의 편견이 점차 흐려지고 있다는 사실이 피부로 느껴집니다. 하지만 기성세대로 갈수록 편견은 심각해집니다. 과연 원인은 무엇일까요?

어릴 때부터 주변 환경과 사회의 상식에 의해 새겨진 고정관념이 틀림없이 큰 영향을 미쳤을 테지요. 그 누구도 편견을 가지고 태어나지는 않으니까요.

해결의 실마리는 바로 '교육'에 있습니다. 교육이란 학교 교육뿐 아니라 부모의 가정교육 또한 포함됩니다. 부모가 성소수자에 관한 올바른 지식을 익히고 자신의 편견을 먼저 없앤다면, 우리 아이들이 살아갈 미래는 분명 더욱 밝아지리라 믿습니다.

성소수자 아이에게
힘이 되어주고 싶다면

PART 5
11

아이의 버팀목이 되는 부모의 한마디

살면서 어려운 일을 많이 겪게 되는 성소수자에게는 가족
이 특히 중요합니다. 어른이 되어 가족을 꾸릴 때 롤 모델이
있는지 없는지에 따라 가족을 생각하는 가치관이 크게 달라
지기 때문입니다.

때로는 즐겁게 웃음을 나누고 때로는 있는 힘껏 부딪치면
서 긴밀한 관계를 만들어나가는 것이 가족의 참된 행복이지
요. 게다가 정해진 답이 없다는 점도 가족의 묘미입니다.

"무슨 일이 있어도 우리는 네 편이야."라는 말은 아이에게

힘을 주는 강력한 마법의 문장입니다. 하지만 머리로는 알면서도 선뜻 입 밖에 내지 못하는 사람도 있지요.

아무리 해도 편견을 지우지 못하거나 여러 이유로 망설이게 될지도 모릅니다. 그럴 때는 그저 이전과 변함없는 거리를 유지하며 아이를 지켜봐 주세요. 그것만으로도 충분합니다.

내 편이 있으면 아이의 마음은 단단해진다

성소수자에게 '내 편'이란 어떤 존재일까요? 그들에게 이야기를 들어보았습니다.

사춘기 때는 '있는 그대로의 내 모습'이 대체 무엇인지 줄곧 고민했어요. 그때는 트랜스젠더라는 말도 없었으니 저도 잘 몰랐죠. 다른 사람에게 진짜 내 모습을 보이면 안 된다고 생각했어요. 그럴 때 가족처럼 진짜 나를 받아들여 주는 존재, 안전한 울타리 같은 존재가 있으면 무척 마음이 놓일 거예요.

아이가 살아갈 힘을 기르려면 부모나 주변 사람들의 든든한 보살핌이 필요하다고 생각해요. 곁에서 누군가 지켜봐 주면 마음의 토대가 튼튼해지고 자신감도 가질 수 있겠죠.

뭔가 문제가 생겼을 때 이야기할 수 있는 사람이 없었어요. 연애는 많이 했지만 상대방도 어렸으니 처음이라 우왕좌왕했고 관계도 오래가지 않았어요. 그럼에도 여러 위기를 극복할 수 있었던 건 운이 좋아서이기도 하겠지만, 반드시 누군가가 손을 내밀어주었기 때문이에요. 감사할 따름이죠.

집은 무슨 일이 있어도 돌아갈 수 있는 곳이어야 한다

성소수자 아이들은 자신 때문에 엄마, 아빠의 사이가 나빠졌다고 생각하는 경우가 많습니다. 실제로 자녀 문제로 말다툼하다가 사이가 틀어지는 부부도 있을지도 모릅니다. 하지만 그건 아이의 잘못이 아닙니다. 부부 관계는 두 사람이 쌓아온 인간관계의 문제이지요.

과연 아이의 성별이 중요한지, 아이 그 자체가 중요한지를 잘 생각해봅시다. 아이에게는 가족이 내 편인 것만큼 든든한 일은 없습니다. 아이를 지키고 싶다면 무슨 일이 있어도 자녀의 편을 들어줄 가족으로, 어떤 일이 생기든 돌아갈 수 있는 집으로 있어주세요.

부모가 어디까지 개입해야 할까?

PART 5
12

아이는 언젠가 둥지를 떠나 자신이 선택한 삶을 살아간다

시간이 지나면 아이는 부모의 품을 떠나 자기 힘으로 인생을 살아갑니다. 특히 다양성이 있는 지금 시대에는 성별에 상관없이 어떤 사람이든 원하는 삶의 방식을 자유롭게 선택할 수 있습니다.

육아를 할 때도 우리 아이가 이처럼 자유롭고 다양성 있는 세상을 살아가리라 이해하고 임한다면 더욱 좋겠지요. 그러니 우리 아이가 어떤 성 지향성과 성 정체성을 가지고 있든 행복하고 편안하게 산다면 그걸로 충분하지 않을까요? 자

PART 5 | 다양성의 시대, 부모가 알아야 할 것들

237

유롭고 당당하게 인생을 살아가도록 아이의 인생을 응원하면 어떨까요?

자녀가 어른이 되어 결혼을 할지 하지 않을지, 아이를 낳을지 낳지 않을지, 어떤 직업을 가질지는 모두 스스로 결정해야 합니다.

세상을 둘러보면 많은 사람이 결혼을 하지 않고도, 아이를 낳지 않고도 자신만의 삶을 아름답게 꾸려가고 있습니다. 가령 결혼을 하더라도 반드시 장밋빛 결혼 생활이 기다릴 거라고 장담할 수는 없지요. 하지만 어떤 인생이든 아이의 인생입니다. 부모는 부모, 자식은 자식이라는 사실을 마음에 새겨둡시다.

부모 자식이라도 나는 나, 당신은 당신

독일의 정신과 의사 프리츠 펄스Fritz Perls는 자신이 고안한 게슈탈트 치료법의 사상을 〈게슈탈트 기도문Gestalt prayer〉이라는 시에 담았습니다.

나는 나의 인생을 살고, 당신은 당신의 인생을 산다.

내가 사는 이유는 당신의 기대에 부응하기 위해서가 아니며

당신이 사는 이유도 나의 기대에 부응하기 위해서가 아니다.

나는 나. 당신은 당신.

만약 연이 닿아 우리가 서로를 만난다면 그것은 아주 멋진 일

이리라. 하지만 만나지 못한다 해도 어쩔 수 없는 일이다.

이 시를 한 문장으로 정리한다면 "나는 나, 당신은 당신." 이 되겠지요. 서로 강요하지 않고 간섭하지 않는 것은 인간관계를 정상적으로 유지하는 삶의 방식입니다. 건강한 인간관계라면 부모 자식 사이라 할지라도 적당한 거리를 지켜야 한다는 이야기이지요.

인간에게는 여자로 사는 즐거움이 있고, 남자로 사는 기쁨이 있으며, 성소수자로 사는 행복도 있습니다. 부모도 아이도 타인도 서로 다른 기쁨을 존중하며 살아간다면 평화롭고 행복한 세상이 되지 않을까요? 저는 그렇게 믿어 의심치 않습니다.

와타나베 가나(야마나시현, 30대)

육아법과 함께 앞으로의 인생에 대한 조언까지 얻을 수 있는 책이었어요. 저는 사춘기 무렵 부모님의 이혼을 경험했기 때문에 책 속에서 "딸은 엄마를 닮는다."라는 말을 보고 가슴이 뜨거워졌습니다. 엄마는 늘 자기 인생보다 자식들의 인생을 위해 사는 사람이었으니까요…. 시대 탓도 있었겠지만, 저는 무엇보다 엄마가 먼저 행복하기를 바랐어요. 마치 그때 느낀 감정과 갈등을 이 책이 모두 대변해주는 듯했죠. 그리고 '나다움을 존중하는 것'이 얼마나 중요한지도 깨달았습니다. 성별이나 사회가 정한 역할에 얽매이지 않고 나 자신의 삶을 살아야 한다는 말이죠. 지금 세상에는 다양성이라는 말이 넘쳐 나지만, 상대방을 이해하려는 노력은 변함없이 중요하다는 생각도 들었고요.

지금까지 육아책을 몇십 권이나 닥치는 대로 읽었는데, 시대와 상관없이 인생에서 본질적으로 중요한 부분을 이토록 구체적이고 알기 쉽게 풀어낸 책은 처음이었어요. 시대를 뛰어넘어 오래도록 읽히는 책이 되었으면 좋겠습니다.

오나카 사키코(가나가와현, 40대)

출산을 도와준 조산사 선생님께 이런 이야기를 들었어요. 육아책을 읽거나 인터넷에서 찾아보지 말고 아이를 잘 들여다보기만 하면 뭐가 됐든 전부 알 수 있다고 말이죠. 저는 그 말을 듣고 '아이와 마주하기'를 육아의 기준으로 삼았습니다. 그런데 여전히 많은 엄마, 아빠가 범람하는 육아 정보 때문에 필요 이상으로 망설이거나 불안해하고 있어요. 이 책에서는 아이의 개성을 소중히 한다는 한 가지 주제를 남자아이와 여자아이라는 '날실'과 육아의 세 가지 단계라는 '씨실'로 엮어 냈죠. 아주 심플하면서도 어떤 시대에든 적용되는 설득력 있는 육아법이에요. 읽고 나서 아들과 딸의 육아 방식이 너무나 달라서 '이렇게나 다르다니!' 하고 감탄했습니다. 이 정보를 모른 채 아이를 키운다니, 부모에게도 아이에게도 얼마나 아까운 일일까요? 아이 키우는 부모들에게 이 책만 읽어도 충분하다고 꼭 전하고 싶어요. 끊임없이 변화하는 젠더 의식에 대해 생각하는 계기가 된 책이기도 합니다.

구니야스 마나(미야기현, 30대)

아이는 식물을 키우듯이 키워야 한다는 말에 눈이 번쩍 뜨였습니다. 혹시 물을 너무 많이 주고 있지 않나? 지금은 아이와 마주하는 소중한 순간이니 물을 듬뿍 주자. 이렇게 고민이 드는 순간마다 머릿속에서 이상적인 이미지를 그릴 수 있게 되었어요.

젠더 문제에 관한 내용도 인상 깊었습니다. 젠더란 아주 중요하고 더 깊이 이해해야 할 주제이지만, 만약 내 아이가 성소수자라면 어떻겠느냐는 질문에 반 이상의 부모가 받아들일 수 없다고 대답했다는 조사 결과가 있었죠. 그들은 아이의 개성을 부정하는 것이 아니라, 아직 성소수자를 제대로 이해하지 못하는 사회에서 아이가 걸을 가시밭길을 생각하면 덮어놓고 기뻐할 수 없는 심정이었으리라 생각해요. 그러니 부모인 우리들이 가장 먼저 아이들의 편이 되어주고 아이가 터놓고 이야기할 수 있는 관계를 쌓아야겠죠. 어떤 일이 있어도 아이의 편이 될 수 있도록, 가족 모두가 등을 받쳐줄 수 있도록, 부부의 관계 또한 원만하게 유지해야 한다는 생각이 듭니다. 더 말할 필요도 없이 좋은 책이고, 마음의 울림까지 얻을 수 있는 내용입니다.

사토 마나미(미야기현, 30대)

결혼도 안 한 제가 왜 이 책을 읽었을까요? 부모가 되었을 경우에 대비하고 싶었기 때문이에요. 이 시대는 끊임없이 변화하고 있으니까요. 제가 배운 첫 번째 포인트는 '무슨 일이 있어도 아이의 편이라고 말해주기'입니다. 부모가 되면 아이에게 가장 해주고 싶은 말이에요. 이 책의 주제이기도 한 아이의 '나다움'을 끌어내는 마법의 말이죠. 이 책에서는 딸이냐 아들이냐에 따라 이 말을 어떻게 전해야 하는지 구체적으로 알려주어서 실제 육아에 큰 도움이 됩니다. 두 번째 포인트는 '아이의 나다움을 소중히 여기기'예요. 저는 자기 자신의 모습을 감추기 위해 많은 괴로움을 겪었고 인간관계로도 많이 고민해왔어요. 지금은 유치원에서 일하면서 무엇이 아이의 개성을 소중히 하는 지도 방법인지를 매일 보고 들으며 지내죠. 어른의 가치관을 아이에게 강요하지 않는 방법을 현장에서 배우고 있는 셈이에요. 그리고 세 번째 포인트는 '나는 나, 너는 너'입니다. 남자도 여자도 성소수자도 이 점은 모두 마찬가지이죠. 여러 인간관계뿐 아니라 부모 자식 관계에도 반드시 필요한 사고방식이에요. 정말 많은 것을 배울 수 있는 책이었습니다.

우미노 아야코(도쿄도, 40대)

이 책을 읽고 '육아'란 아이가 성장하는 과정에 어마어마한 영향을 미치고, 사고방식이나 인간관계뿐 아니라 하나의 인간을 형성하는 데 지대한 역할을 한다는 사실을 깨달았어요. 그리고 아직 아이를 키워본 적 없는 저로서는 육아가 상상을 뛰어넘을 만큼 어려운 문제로 다가왔고 불안감도 느껴졌고요. 무엇보다 엄마로서 육아에 분투하는 모든 분께 존경심이 들었습니다. 저를 키워주신 부모님이 얼마나 고생하셨을지 생각하면 죄송하고 감사해서 책을 읽자마자 부모님께 전화해서 마음을 전했어요. 이 책을 읽으면 부모님에게, 동반자에게, 아이에게 그리고 주변 사람에게 저절로 고마운 마음이 듭니다. 그리고 다양한 조사 결과를 수치로 보여주어서 지금 젊은 세대가 어떤 생각을 가지고 있는지도 많이 배웠어요. 요즘 젊은 세대들은 옷도 머리 스타일도 남녀의 구별이 많이 사라졌죠. 실제로 뒷모습만 봐서는 알 수 없는 경우도 있어요. 자신의 낡은 가치관을 바꾸려면 앞으로도 열심히 공부해야겠다는 생각이 듭니다.

나카무라 유카리(히로시마현, 40대)

저는 자존감이 낮은 엄마지만 아이만은 자존감 높은 아이로 키우고 싶었어요. 늘 자식을 무시했던 엄마와는 다른 육아를 하고 싶었습니다. 하지만 어떻게 해야 할지 모르겠더군요. 그래서 100권 넘는 책을 읽고 여러 육아법에 도전했어요. 13년 전에 이 책을 만났더라면 책을 이것저것 읽고 고민하는데 쓴 돈과 시간도 훨씬 줄었겠죠. 이 책은 현시대의 육아에 관한 다양한 고민을 해결해주는, 마치 육아의 백과사전 같은 책입니다. 육아를 시작하기 전에 혹은 막 육아를 시작했을 때 이 책을 접한 부모는 얼마나 행운일까요. 세대가 달라 육아 문제로 고민하는 부모와 조부모에게도 꼭 추천하고 싶어요. 현대의 육아와 사회를 이렇게 객관적으로, 다양한 사례를 들어 일상생활에 적용시켜 알려주는 책은 본 적이 없습니다. 많은 사람들이 이 책을 읽어서 엄마가 웃으며 아이를 키울 수 있는 세상이 된다면 아이들의 미래도 더욱 밝아지겠죠. 앞으로 이 책을 저의 교과서로 삼고 싶습니다.

쓰치야 유키코(야마구치현, 40대)

일과 육아로 몸도 마음도 궁지에 몰렸던 때가 생각나서 머리말만 읽었는데도 눈물이 났어요. 올해 스무 살이 된 큰아들에게는 반항기라 할 만한 시기가 없었습니다. 어쩌면 엄마나 주위 어른들에게 걱정을 끼쳐서는 안 된다, 엄마를 지켜야 한다는 생각에 그 작은 아이가 열심히 힘쓴 결과일지도 모른다고 생각하면 가슴이 미어집니다.

엄마는 딸이 자신과 같은 생각과 가치관을 가지고 있으리라 오해해서는 안 되며, 아들의 모험심을 무시해서도 안 된다는 이야기도 모두 고개를 끄덕이게 하는 내용이었어요. 아이의 '나다움'을 제대로 키워주려면 부모뿐 아니라 사회 전체가 남녀의 특성을 제대로 이해해야 한다는 사실도 깊이 실감했고요. 무엇보다 초등학생 아들에게 숙제할 의욕을 불어넣어주는 데도 큰 도움이 되었습니다. '영웅의 여정'을 이용해서 포인트 제도를 만들었더니 놀라울 정도로 반응이 좋더군요.

가노 가오리(사이타마현, 40대)

육아든 인간관계든 올바른 지식을 아는 것이 얼마나 중요한지 새삼 깨달았어요. 제대로 알면 쓸데없이 불안해할 일도 없고, 앞날에 대한 이정표가 있으니 오히려 아이와 보낼 시간들이 점점 더 기대가 되니까요. 저자 개인의 경험담뿐만 아니라 정확한 근거가 있기 때문에 더욱 믿을 수 있는 책이에요. 이 책을 읽으니 아이의 '나다움'을 받아들일 수 있으리라는 용기가 생깁니다.

성소수자에 관한 내용도 마음에 큰 울림을 주었어요. 그들의 이야기가 무척 와닿았습니다. 내 주변에 없다고 해서 혹은 잘 모른다고 해서 존재하지 않는 것은 아니라는 사실, 그리고 일상 속에서 무심코 하는 차별에 상처받는 사람이 있다는 사실. 이걸 아느냐 모르느냐는 큰 차이가 있죠. 무엇보다 아이에게 부모의 가치관을 강요해서는 안 되며, 불행한 부부 관계는 아이가 안심하고 자랄 수 있는 환경을 빼앗는다는 점도 배웠고요. 아이에게 의존하지 않는 좋은 부모가 되기 위해 저 또한 한 사람으로서 행복한 모습을 보여주어야겠다고 다짐했습니다.

이치카와 리에(가나가와현, 30대)

맨 처음 이 책을 봤을 때는 '육아서'라기보다는 '전문서' 같다는 생각이 들었어요. 과학적인 근거가 많이 실려 있어서 읽으면서 줄곧 고개를 끄덕였거든요. 게다가 아들과 딸을 키울 때 주의해야 할 점, 눈여겨봐야 할 점을 쉽게 알려주고요. 바로 실전에서 쓸 수 있는 내용도 많아서 육아로 고민하는 사람들에게 길잡이가 되어줄 책이라고 생각합니다.

성소수자에 관한 내용은 앞으로 아이를 키울 때 반드시 알아두어야 할 내용이라고 실감했어요. 실제 사례도 많이 소개되어 있어서 이해하기도 쉬웠고요. 무엇보다 부모님에게 물려받은 가치관을 다시 생각하고 다음 세대에게 어떤 가치관을 전해주어야 할지 깊이 고민하는 계기가 되었다고 생각합니다. 부모가 아이를 돌보는 일방적인 육아가 아니라, 새로운 시대를 살아갈 아이의 가치관을 존중하고 동등하게 소통한다면 정말 즐거운 육아가 가능하겠죠. 그리고 남자와 여자에게 어떠한 차이가 있는지 알고, 그 점을 충분히 이해하고 고려해야 한다는 점도 배웠어요. 앞으로는 성소수자를 포함한 모든 아이가 '나다운 모습'을 지키고, 모두가 그런 개성을 존중해주는 세상이 되기를 기대합니다.

우에노 유이(미야기현, 30대)

처음부터 끝까지 자칫 어렵게 느껴질 수 있는 내용을 알기 쉽고 친절하게 설명해줘서 감탄했어요. 가장 인상 깊었던 부분은 생물학적 관점에서 남녀를 이야기한 부분이었어요. "남성과 여성이라는 존재는 생물의 진화가 낳은 획기적인 발명이자 다양성 있는 자손을 남기기 위한 뛰어난 기능입니다." 그리고 근육량과 피하지방량이 다르듯이 남성과 여성의 뇌에도 차이가 있다고 예를 든 부분도 알기 쉽고 재미있었고요.

성소수자에 관한 부분은 당사자의 이야기를 직접 들어볼 수 있어서 좋았어요. 그들을 이해하려는 노력 그리고 내 마음속 어딘가에 편견이 있을지도 모른다는 깨달음이 중요하다는 이야기도 기억에 남고요. 미래에 사회의 주인이 될 아이들을 키우는 부모야말로 성의 다양성과 젠더 문제를 올바르게 이해해야겠죠. 그런 의미에서 이 책은 정말 귀중한 한 권이라고 생각해요.

· 맺음말 ·

한때 소년이었던 남편과 소녀였던 아내를 위한 설명서

이 책을 읽어주셔서 감사합니다. 한 아이의 엄마로서, 육아를 연구해온 전문가로서 나누고 싶었던 이야기를 전할 수 있게 되어 정말 기쁩니다.

제가 이성 간 커뮤니케이션을 연구할 때 깨달은 사실이 있습니다. '남자아이는 성인 남성의 축소판이며, 여자아이는 성인 여성의 축소판이다.'

그래서 이 책은 육아에 관한 내용이지만, 어른을 깊이 이해하는 데도 큰 도움이 됩니다. 한때 소년이었던 남편과 소녀였던 아내를 위한 설명서이기도 한 셈이지요.

250

남자아이도, 여자아이도, 성소수자 아이도
웃으며 자라는 육아를 위해

이 책에는 아들과 딸뿐만 아니라 다른 성 정체성을 가진 아이들에 관한 이야기도 담았습니다. 아무에게도 말 못 하고 남몰래 가슴앓이할 부모와 아이들을 위해 PART 5에서 많은 주제를 다루었습니다.

성소수자 이야기를 집필할 때는 당사자분들의 도움이 꼭 필요했습니다. 여러분의 도움이 없었다면 이 책을 완성하지 못했겠지요. 민감한 주제임에도 불구하고 흔쾌히 이야기를 들려주신 분들께 진심으로 감사드립니다.

이 책이 세상에 나오기까지 많은 힘을 쏟아주신 편집자님, 출판사 관계자님, 항상 응원해주신 이성 간 커뮤니케이션 협회 식구들, 추천사를 써주신 모로토미 요시히코 선생님께도 감사드립니다. 그리고 항상 든든한 버팀목이 되어주는 가족과 사랑하는 딸에게도 이 자리를 빌려 감사의 마음을 전합니다.

한 분이라도 더 많은 독자를 만나 아이의 개성을 존중하는 행복한 육아를 알릴 수 있다면 더 바랄 것이 없겠습니다.

PART 5를 집필하기에 앞서 성소수자 여섯 분을 인터뷰하고 다양한 의견을 들었습니다. 이 자리를 빌려 깊은 감사의 마음을 전하며, 귀중한 이야기를 들려주신 여섯 분을 소개합니다.

쓰루오카 소라야스鶴岡そらやす

FTMFemale To Male 트랜스젠더(여성의 몸으로 태어났으나 지금은 남성인 사람 – 옮긴이). 현재 여성 파트너와 함께 살고 있다. 어릴 때부터 자신이 여성이라는 사실에 위화감을 느꼈다.

대학에서 교육학부를 졸업한 후 공립 초등학교와 중학교에서 15년간 교편을 잡았으며, 퇴직 후에는 자기 주도적 학습을 위한 학원을 열었다. 학교에서 아이들의 다양성을 존중하고 자존감을 지키기 위한 강연을 하고, 부모와 아이를 위한 성소수자 관련 도서도 출간하고 있다.

아라이 히카루新生光

어린 시절부터 자신의 성별에 위화감을 느끼다가 병원에서 성 정체성 장애(현재는 성별 불쾌감이라는 표현을 쓴다－옮긴이) 진단을 받았다. 2008년 여성에서 남성으로 호적상 성별 정정을 완료했으며, 평소에는 일반 남성으로 생활한다.

한편, 인터넷에서는 앨라이ALLY(성소수자를 적극적으로 이해하고 지지하는 연대자)를 늘리기 위해 활동하고 있다.

소타颯太

해리성정체장애가 있는 밝고 명랑한 FTM 트랜스젠더이자 팬섹슈얼(범성애자). 2019년 남성의 인격이 눈을 뜬 이후 하나의 몸을 두 인격이 공유하는 인격공존이라는 삶을 선택했다. 음성 기반 SNS 'stand.fm'에서 성소수자를 위한 이벤트 '레인보우 프라이드'를 처음 시작했다. 자신을 있는 그대로 온전히 받아들이고 즐겁게 살아가는 삶의 방식이 많은 공감과 반응을 얻고 있다.

이치노세 다쿠미—之瀨たくみ

FTM 트랜스젠더. 멘탈코치. 음성 기반 플랫폼 'stand.fm'에서 실제 경험을 바탕으로 익힌 자신만의 사고방식을 끌림의 법칙이나 영적인 관점과 엮어 널리 알리고 있다. '레인보우 프라이드'의 기획 멤버로서 성소수자 계몽 활동에도 활발히 참여하고 있다.

렝콩즈* 하루RENgKONgs HAR'u

중학생 때 처음 연극에 관심을 가진 이후 줄곧 무대를 중심으로 활동해왔다. 어린 시절부터 자신의 성별에 의문을 가진 채 성장했고, 성별이 남녀 모두에 해당하거나 남녀 어느 쪽도 아니라고 인지하는 '논바이너리'의 존재를 성인이 되어 처음 접한 이후 자신이 논바이너리임을 주위에 밝혔다. 아직 낯선 논바이너리의 존재를 유튜브나 SNS에서 열심히 알리고 있다.

렝콩즈 아오이RENgKONgs あおい

중학교 시절에는 BL만화에 푹 빠져 지내고, 고등학교와 청년 시절에는 밴드의 열성팬으로서 뜨거운 나날을 보냈다.

바이섹슈얼(양성애자)이라고 커밍아웃한 이후, 바이섹슈얼 여
성의 독특한 시선으로 사람들에게 다양한 이야기를 들려주
고 있다.

*렝콩즈RENgKONgs

2018년 4월 5일에 결성한 콩트 유닛. 연극 경험을 살려 개
그에만 치중하지 않는 특유의 콩트를 펼치며 삿포로를 중심
으로 활동 중이다.

4~7세
아이 키울 때
부모가 반드시
알아야 할 것들

1판 1쇄 인쇄 2022년 6월 24일
1판 1쇄 발행 2022년 7월 13일

지은이 사토 리쓰코
옮긴이 지소연

발행인 양원석 **책임편집** 차선화 **디자인** 강소정, 김미선
영업마케팅 윤우성, 박소정, 정다은, 백승원 **해외저작권** 함지영

펴낸 곳 ㈜알에이치코리아
주소 서울시 금천구 가산디지털2로 53, 20층 (가산동, 한라시그마밸리)
편집문의 02-6443-8861 **도서문의** 02-6443-8800
홈페이지 http://rhk.co.kr
등록 2004년 1월 15일 제2-3726호

ISBN 978-89-255-7791-3 (03590)